Sammlung Göschen

Höhere Analysis

Erster Teil

Differentialrechnung

von

Dr. Friedrich Junker

Mit 63 Figuren

Leipzig
G. J. Göschen'sche Verlagshandlung
1898

Druck und Einband von Carl Rembold & Co. in Heilbronn.

Inhalt.

Seite

III. Abschnitt.

Ableitungen und Differentiale höherer Ordnung.

IV. Abschnitt.

Anwendung der Differentialrechnung zur Ermittlung der Grenzwerte unbestimmter Formen.

V. Abschnitt.

Konvergenz und Divergenz der Reihen.

VI. Abschnitt.

Darstellung der Funktionen durch Potenzreihen.

Seite

VII. Abschnitt.

Maxima und Minima der Funktionen.

VIII. Abschnitt.

Anwendung der Analysis auf die Geometrie.

IX. Abschnitt.

Anwendung der Differentialrechnung auf die Mechanik.

I. Abschnitt.

Vorbereitung zur Differentialrechnung.

§ 1. Konstante und veränderliche Grössen. Begriff der Funktion.

1. Erklärung. Eine Grösse, welche nur einen einzigen bestimmten Wert hat, heisst konstant. Man bezeichnet solche Grössen mit a, b, c, . . .; A, B, C, . . .; α, β, γ . . .

2. Erklärung. Eine Grösse, welche beliebig viele Werte annehmen kann, heisst eine veränderliche oder variable Grösse. Grössen dieser Art werden durch die Buchstaben x, y, z, . . . oder X, Y, Z, . . . oder ξ, η, ζ, . . . angegeben.

3. Erklärung. Jeder Ausdruck, welcher konstante und veränderliche Grössen in irgend welcher Verbindung enthält, heisst eine Funktion dieser Grössen. Gewöhnlich bezeichnet man die Funktionen symbolisch mit den Buchstaben f, φ, ψ, . . . oder auch mit F, Φ, Ψ, . . . und versteht unter f (x), φ (x), . . ., F (x), . . . Funktionen, in denen nur eine Veränderliche x enthalten ist, desgleichen unter f (x y), φ (xy), . . ., F (xy), . . . Funktionen, welche zwei Veränderliche x und y enthalten, etc.

Hat man bei einer Aufgabe mehrere Veränderliche in Rechnung zu ziehen, so kann man einigen derselben willkürliche Werte beilegen und alsdann die übrigen durch diese ausdrücken. Die ersteren heissen in diesem Fall die unabhängigen, diese die abhängigen Veränderlichen oder die Funktionen der unabhängigen. Erscheinen die ersteren in Funktion der unabhängigen aufgelöst, so heissen sie auch entwickelte (explicite) Funktionen der unabhängigen.

So ist $z = f(xy) = ax^2 + by^2$

eine entwickelte Funktion der unabhängigen Veränderlichen x und y. In der Gleichung

$$f(xyz) = \frac{x^2}{a^2} + \frac{y^2}{b^2} + \frac{z^2}{c^2} - 1 = 0$$

dagegen sind die Veränderlichen xyz unentwickelt miteinander verbunden.

§ 2. Einteilung der Funktionen.

Die Funktionen, mit denen wir es im folgenden zu thun haben werden, zerfallen in algebraische und transcendente.

Erklärung. Eine algebraische Funktion ist eine solche, in welcher Veränderliche und Konstante durch algebraische Operationen — Addition, Subtraktion, Multiplikation, Division, Radizieren, Potenzieren — verbunden sind.

Man unterscheidet wieder einfache und zusammengesetzte Funktionen dieser Art. Ist c eine Konstante und x die Veränderliche, so sind

$$c,\ c + x,\ c - x,\ cx,\ \frac{c}{x},\ \sqrt[c]{x},\ x^c$$

die einfachsten algebraischen Funktionen. Dagegen sind die folgenden

$$a + x^2 \sqrt{b - x}, \quad \frac{a}{x} + x^2, \text{ etc.}$$

als zusammengesetzte Funktionen zu bezeichnen.

Die algebraischen Funktionen zerfallen in rationale und irrationale Funktionen und die ersteren wieder in ganze und gebrochene rationale Funktionen.

Der Ausdruck

$$a_0 + a_1 x + a_2 x^2 + \ldots + a_n x^n$$

ist eine ganze rationale Funktion,

$$(a_0 + a_1 x + a_2 x^2 + \ldots + a_m x^m) :$$
$$(b_0 + b_1 x + b_2 x^2 + \ldots + b_n x^n)$$

eine gebrochene rationale Funktion einer Veränderlichen x. Eine algebraische Funktion wird irrational, wenn die Veränderlichen auch unter dem Wurzelzeichen auftreten. Beispiele:

$$\sqrt{a + x}, \quad \frac{a}{\sqrt{a + bx + cx^2}}, \text{ etc.}$$

Erklärung. Zu den transcendenten Funktionen gehören:

α) die Exponentialfunktionen a^x, e^x;

β) die logarithmische Funktion $\overset{a}{\log}\, x$ (gelesen: Logarithmus von x im System mit der Basis a oder kurz im System a);

γ) die trigonometrischen Funktionen $\sin x$, $\cos x$, $\operatorname{tg} x$, $\cot x$;

δ) die cyklometrischen Funktionen $\operatorname{arc} \sin x$, $\operatorname{arc} \cos x$, $\operatorname{arc} \operatorname{tg} x$, $\operatorname{arc} \cot x$.

§ 3. Bemerkungen zu den transcendenten Funktionen.

a) Die logarithmischen Funktionen.

Erklärung. Ist eine Potenz $b = a^y$ gegeben und der Exponent y gesucht, so heisst diese Operation das Logarithmieren. Die gegebene Potenz b ist der Logarithmand, der gesuchte Exponent y heisst der Logarithmus, die gegebene Basis a der Potenz a^y bildet die Basis oder Grundzahl eines Logarithmensystems.

Wir erhalten aus obiger Gleichung durch Logarithmieren:

$$y = \overset{a}{\log} b, \tag{1}$$

d. h. der Logarithmus b für die Basis a logarithmiert giebt den Logarithmus.

Setzt man aus (1) den Wert von y in die gegebene Gleichung ein, so folgt:

$$a^{\overset{a}{\log} b} = b \tag{2}$$

d. h. die Basis mit dem Logarithmus potenziert giebt den Logarithmand.

Die Logarithmen aller Zahlen für eine bestimmte Basis bilden ein logarithmisches System. Hiebei ist die Basis selbst willkürlich. Nur muss sie die Eigenschaft haben, dass sie, mit beliebigen Zahlen potenziert, jede beliebige Zahl hervorbringt. Daher kann die Zahl 1, wie auch jede negative Zahl nicht Basis eines Logarithmensystems werden.

Aus der Gleichung (1) folgt für b = 1, bezw. a = b.

$$\overset{a}{\log} 1 = 0, \text{ bzw. } \overset{a}{\log} a = 1,$$

d. h. der Logarithmus der Zahl 1 ist für jedes System gleich 0.

Der Logarithmus der Zahl a im System a ist stets gleich 1.

Logarithmiert man beiderseits die Gleichung $x = a^y$, so folgt $\overset{a}{\log} x = y$;
andererseits ergiebt sich, wenn man die Basis c zu Grunde legt

$$\overset{c}{\log} x = \overset{c}{\log} a^y = y \overset{c}{\log} a, \text{ woraus folgt:}$$

$$y = \overset{c}{\log} x : \overset{c}{\log} a$$

Indem man beide Werte von y mit einander vergleicht, erhalten wir den wichtigen Satz.

$$\overset{a}{\log} x = \overset{c}{\log} x : \overset{c}{\log} a \qquad (3)$$

Der Logarithmus der Zahl x im System a ist gleich dem Logarithmus von x im System c dividiert durch den Logarithmus von a im gleichen System.

Dieser Satz dient dazu, die Logarithmen für ein System (mit der Basis) a zu berechnen, wenn diejenigen im System c bekannt sind. So ist z. B.

$$\overset{4}{\log} 3 = \overset{10}{\log} 3 : \overset{10}{\log} 4 = 0{,}79239.$$

In der elementaren Mathematik werden nur die gemeinen oder brigg'schen Logarithmen gebraucht, deren Basis die Zahl 10 ist. Ausser diesem System kommt in der Analysis noch das natürliche oder Nepersche zur Anwendung, dessen Basis die irrationale Zahl $e = 2{,}7182818\ldots$ ist, die wir in den folgenden §§ näher kennen lernen werden.

Erklärung. Setzt man in (3) $c = e$ gleich der Basis des natürlichen Logarithmensystems, so heisst $\overset{e}{\log} a$ der natürliche Logarithmus von a und wird allgemein mit la bezeichnet.

Damit geht die Formel (3) über in

$$\overset{a}{\log}\, x = \frac{lx}{la} \tag{4}$$

Erklärung. Der reziproke Wert des natürlichen Logarithmus von a heisst der „Modul des Logarithmensystems mit der Basis a“ und wird bezeichnet mit

$$M_a = \frac{1}{la} \tag{5}$$

Satz. Der Logarithmus irgend einer positiven Zahl x im System mit der Basis a ist gleich dem natürlichen Logarithmus von x multipliziert mit dem Modul Ma

$$\overset{a}{\log}\, x = lx\, M_a \tag{6}$$

Für die briggischen Logarithmen ist

$$M_a = 0{,}43429448\ldots$$

β) Die trigmometrischen Funktionen werden gewöhnlich durch Strecken im Kreis vom Radius 1 dargestellt.

Ist O A = 1, so ist

$$\sin\varphi = BF,\quad \cos\varphi = OF,\quad tg\varphi = AE,\quad \cot\varphi = CD$$

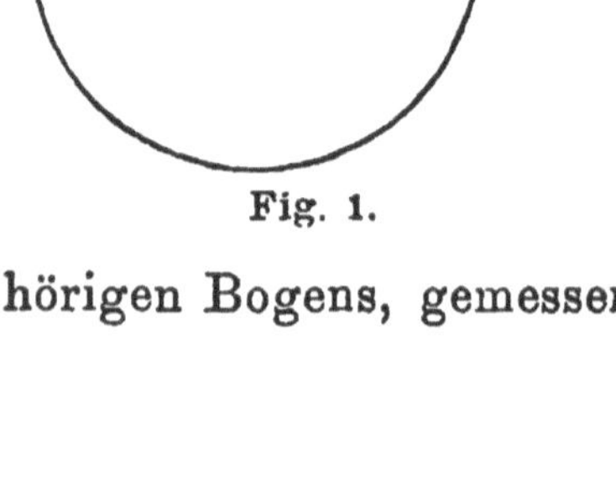

Fig. 1.

In der Analysis dagegen werden die Winkel als Bögen in Teilen des Halbmessers ausgedrückt. Die Zahl x, durch welche die Grösse eines Winkels φ gemessen wird, ist eine absolute Zahl, nämlich die Längenzahl des zum Winkel φ gehörigen Bogens, gemessen auf einem Kreis vom Radius

1. Die volle Umdrehung, der Winkel von 360^0, erhält den Zahlenwert 2π und der Winkel von φ^0 den numerischen Wert

$$x = 2\pi \frac{\varphi}{360} = \varphi : \frac{180}{\pi} \qquad (4)$$

Zu jeder Zahl x gehört alsdann ein sinus, cosinus, tangens, cotangens. Diese Funktionen nennt man trigonometrische.

γ) Die cyklometrischen Funktionen.

Man kann auch umgekehrt x als Mass einer trigonometrischen Linie betrachten und den zugehörigen Bogen aufsuchen.

Auf diese Weise gelangt man zu den inversen Kreisfunktionen oder den cyklometrischen Funktionen

$$y = \text{arc}\sin x,\ y = \text{arc}\cos x,\ y = \text{arc}\,\text{tg}\,x,\ y = \text{arc}\cot x,$$

die somit als die Umkehrungen von

$$y = \sin x,\ y = \cos x,\ y = \text{tg}\,x,\ y = \cot x$$

zu betrachten sind.

Erklärung. Man versteht beispielsweise unter $y = \text{arc}\sin x$ (gelesen: arcus sinus von x) den Bogen (im Kreis vom Radius 1), dessen sinus gleich x ist u. s. w.

Einige Beispiele seien hier angeführt:

$$0 = \text{arc}\,(\sin = 0),\ 0 = \text{arc}\,(\cos = 1) \text{ oder allgemeiner}$$

$$n\pi = \text{arc}\,(\sin = 0),\ 2n\pi = \text{arc}\,(\cos = 1),$$

wo n eine ganze Zahl ist. Ferner ist

$$\frac{\pi}{2} = \text{arc}\,(\sin = 1) = \text{arc}\,(\cos = 0),$$

$$\frac{\pi}{4} = \text{arc}\left(\sin = \frac{1}{\sqrt{2}}\right) = \text{arc}\left(\cos = \frac{1}{\sqrt{2}}\right) = \text{arc}\,(\text{tg} = 1)$$

Satz. Jede trigonometrische Gleichung

kann in eine cyklometrische umgesetzt werden und umgekehrt. So zieht z. B. die Gleichung

$$\sin\left(\frac{\pi}{2} - \varphi\right) = \cos\varphi$$

die cyklometrische nach sich

$$\frac{\pi}{2} - \varphi = \text{arc}\,(\sin = \cos\varphi) \text{ und}$$

wenn wir $\cos\varphi = x$ ($\varphi = \text{arc}\cos x$) setzen, so folgt:

$$\frac{\pi}{2} = \text{arc}\sin x + \text{arc}\cos x \qquad (5)$$

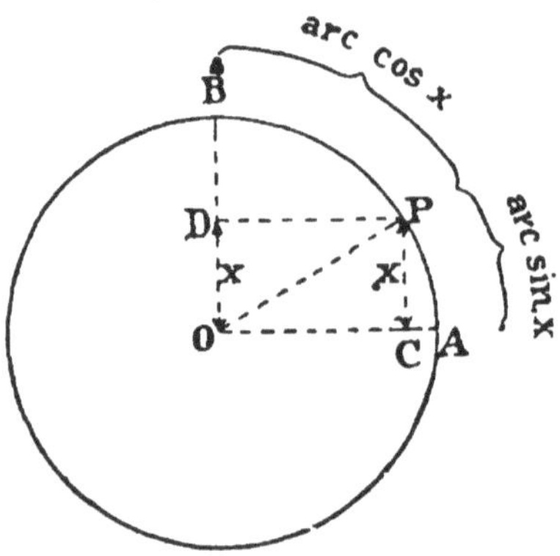

Fig. 2.

Die Richtigkeit dieser Gleichung geht auch aus der Figur 2 hervor, in welcher $OA = 1$, $PC = DO = x$ angenommen ist, denn hierin ist $PA = \text{arc}\sin x$, $PB = \text{arc}\cos x$ und

$$PA + PB = \frac{\pi}{2}.$$

Ebenso folgt aus

$$\text{tg}\left(\frac{\pi}{2} - \varphi\right) = \cot\varphi$$

$$\frac{\pi}{2} - \varphi = \text{arc}\,(\text{tg} = \cot\varphi) \text{ und wenn}$$

$\cot\varphi = x$, $\varphi = \text{arc}\cot x$ gesetzt wird

$$\frac{\pi}{2} = \text{arc}\,\text{tg}\, x + \text{arc}\cot x \qquad (6)$$

§ 4. Geometrische Darstellung der Funktionen.

Die analytische Geometrie bietet ein einfaches Mittel dar, ein Bild jeder Funktion zu entwerfen für den Fall, dass in letzterer nicht mehr als eine oder zwei unabhängige Veränderliche auftreten.

Ist die abhängige Veränderliche y mit der unabhängigen x durch eine der Gleichungen

$$y = f(x) \text{ oder } \varphi(x\,y) = 0 \qquad (1)$$

verbunden, so kann man hierin x als Abscisse und y als Ordinate eines Kurvenpunkts betrachten. Alsdann stellt jede der Gleichungen (1) eine ebene Kurve dar, von welcher sich beliebig viele Punkte konstruieren lassen, indem man zu irgend einem Wert von x den zugehörigen Wert von y berechnet und in das Koordinatensystem einträgt.

Die Funktion $y = x^2$ stellt beispielsweise eine Parabel dar, welche die x-Axe im Ursprung berührt. Den Abscissen $\pm 1, \pm 2, \pm 3, \ldots$ entsprechen die Ordinaten $1, 4, 9, \ldots$

Ihre Gestalt veranschaulicht die Figur 3.

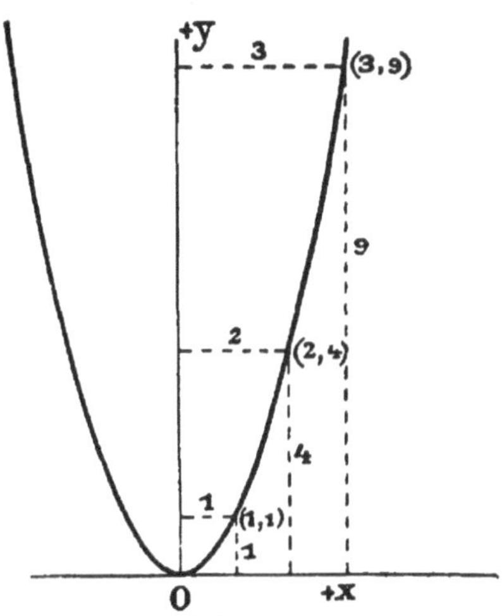

Fig. 3.

Erklärung. Die den Gleichungen (1) entsprechenden Kurven heissen *rational* oder *transcendent*, je nachdem $f(x)$ bezw. $\varphi(x\,y)$ rationale oder transcendente Funktionen von x bezw. x und y sind.

Beispiele von rationalen Kurven sind

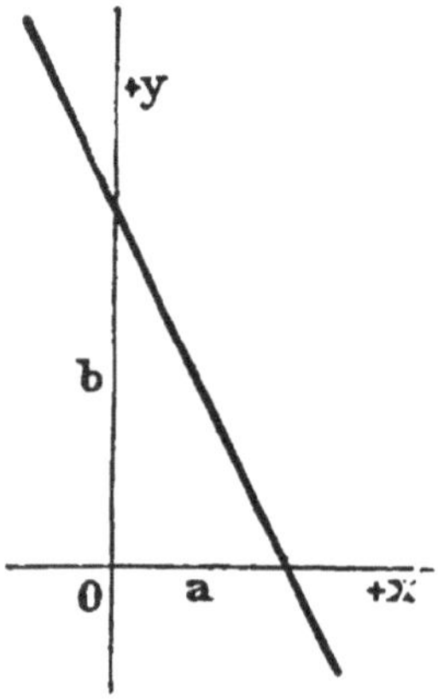

Fig. 4.

1. **die gerade Linie** Fig. 4, deren Gleichung auf die Form gebracht werden kann:

$$\frac{x}{a} + \frac{y}{b} - 1 = 0,$$

wo mit a und b die Strecken bezeichnet sind, welche von den Axen abgeschnitten werden;

2. **die Ellipse**, bezw. **Hyperbel** Fig. 5 und 6, deren Gleichung

$$\frac{x^2}{a^2} \pm \frac{y^2}{b^2} - 1 = 0;$$

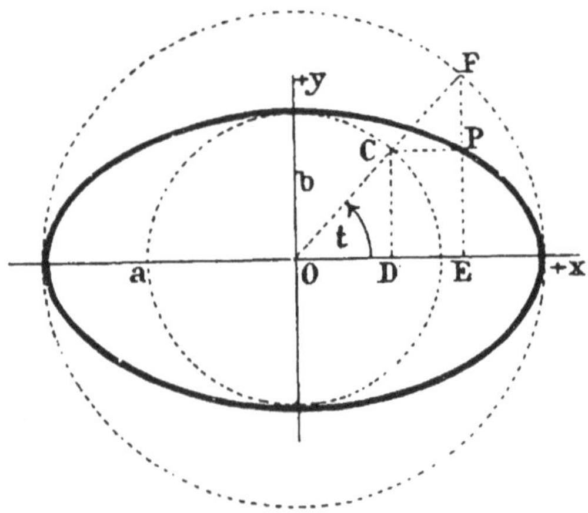

Fig. 5.

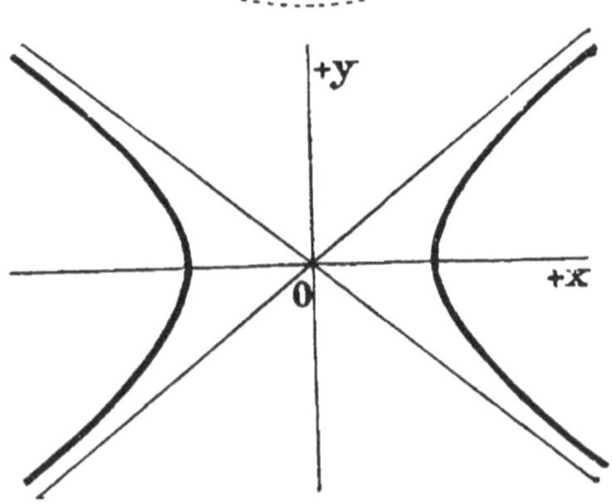

Fig. 6.

3. das kartesische Blatt Fig. 7, dessen Gleichung ist:

$$x^3 + y^3 - 3pxy = 0;$$

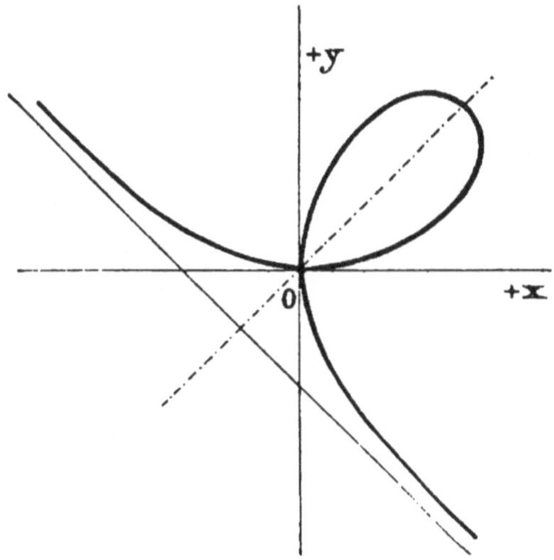

Fig. 7.

4. die Lemniskate von Bernouilli. Fig. 8 welche die Gleichung hat

$$(x^2 + y^2)^2 - 2a^2(x^2 - y^2) = 0$$

u. s. w.

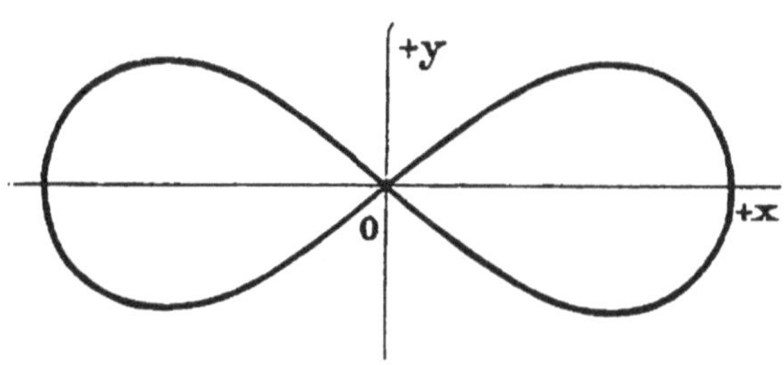

Fig. 8.

Beispiele von transcendenten Kurven, bieten dar:

1. die Exponentialfunktion $y = a^x$, die logarithmische Funktion $y = \log x$;

2. die trigonometrischen Funktionen

$$y = \sin x,\ y = \cos x,\ y = \operatorname{tg} x,\ y = \cot x;$$

3. die cyklometrischen Funktionen

$$y = \operatorname{arc} \sin x,\ y = \operatorname{arc} \cos x,\ y = \operatorname{arc} \operatorname{tg} x,\ y = \operatorname{arc} \cot x,$$

deren Gestalt wir im nächsten § kennen lernen werden.

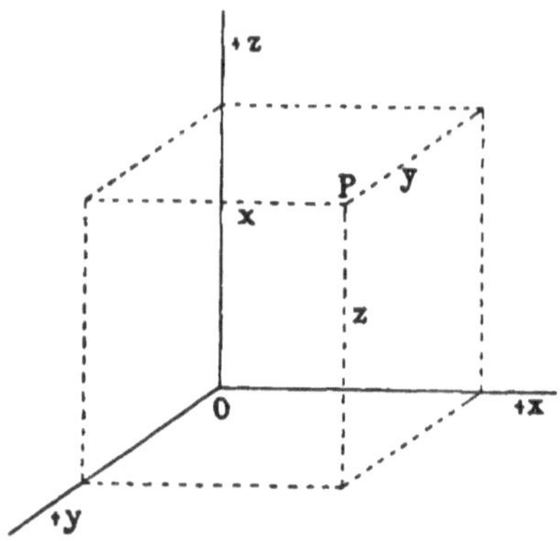

Fig. 9.

Enthält eine Funktion drei Veränderliche x y z, so können dieselben als die rechtwinkligen Koordinaten x, y, z eines Punkts P im Raum angesehen werden, dessen Entfernungen von den drei Koordinatenebenen (yz-Ebene, zx-Ebene, xy-Ebene) eben durch x, y, z angegeben sind. Siehe Fig. 9.

Dann stellt jede der Gleichungen

$$z = f(x\,y) \text{ oder } \varphi(x\,y\,z) = 0$$

eine Fläche dar, welche ∞^2 viele Punkte des Raumes enthält. Ein Beispiel hiefür bietet die Funktion

$$z = x^2 + y^2$$

dar, welche ein Drehungsperaboloid repräsentiert, das die xy-Ebene im Ursprung berührt und durch Fig. 20 veranschaulicht wird.

§ 5. **Umkehrung der Funktionen.**

Erklärung. Löst man die Gleichung $y = f(x,)$ in welcher bis jetzt y in Funktion von x ausgedrückt ist, nach x auf, setzt man also $x = \varphi(y)$, so lässt sich hierin auch x als Funktion von y und letztere Veränderliche als unabhängige und x als abhängige betrachten. Vertauscht man nachträglich x mit y, um wieder x als unabhängige Veränderliche zu erhalten, so heisst $y = \varphi(x)$ die inverse oder umgekehrte Funktion von $y = f(x)$. Der Prozess des Uebergangs von $f(x)$ zu $\varphi(x)$ heisst entsprechend „Inversion oder Umkehrung" der Funktion $f(x)$.

Ist $\varphi(x)$ die Umkehrung von $f(x)$, so ist auch umgekehrt $f(x)$ die Umkehrung von $\varphi(x)$.

Stellt $y = f(x)$ eine ebene Kurve dar, so erhält man das Bild der inversen Funktion $y = \varphi(x)$, indem man dasjenige von $y = f(x)$ um die Halbierungslinie des von der $+x$-Axe und der $+y$-Axe gebildeten Winkels umklappt.

In den zu folgenden Beispielen gehörigen Figuren 10, 11, 12 sind die Bilder der inversen Funktionen strichpunktiert gezeichnet.

Originalfunktion:	Inverse Funktion:
1. $y = a^x$	$y = \overset{a}{\log} x$
Exponentialkurve.	Fig. 10. Logarithmuslinie.

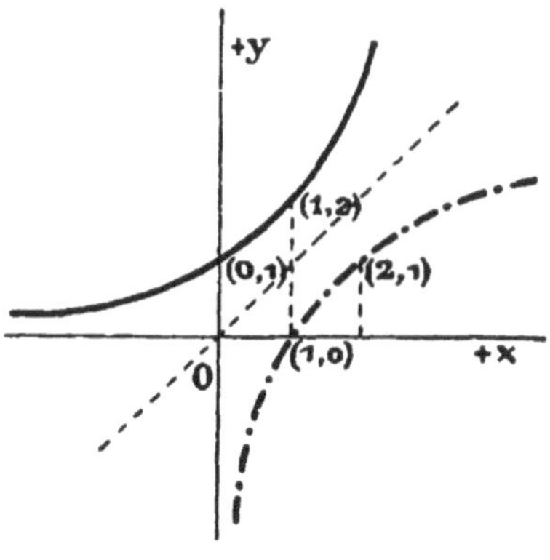

Fig. 10.

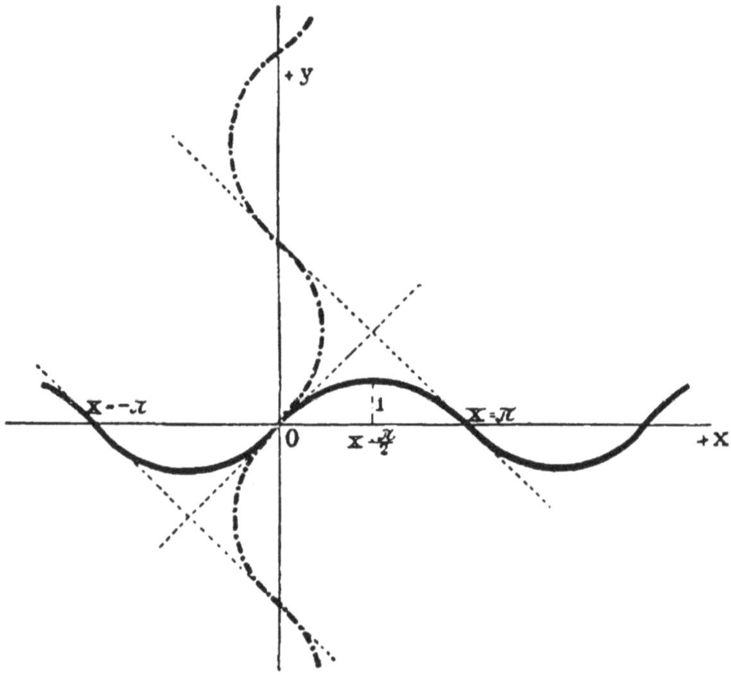

Fig. 11.

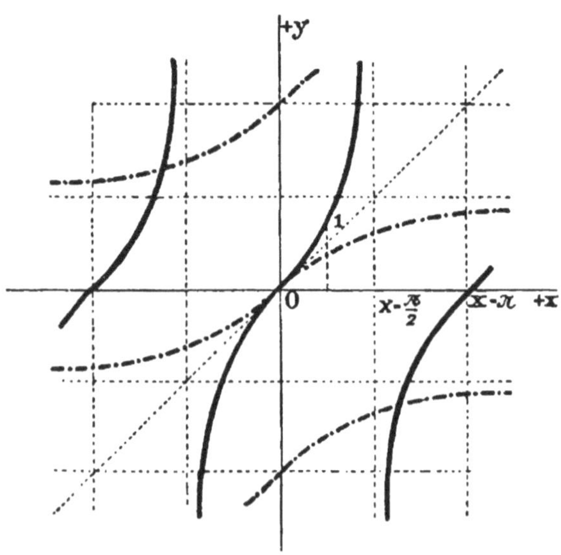

Fig. 12.

Originalfunktion:		Inverse Funktion:
2. $y = \sin x$		$y = \operatorname{arc} \sin x$
Sinuslinie.	Fig 11.	Ariussinuslinie.
3. $y = \operatorname{tg} x$		$y = \operatorname{arc} \operatorname{tg} x$
Tangenslinie.	Fig. 12.	Arcustangenslinie.
4. $y = \cos x$		$y = \operatorname{arc} \cos x$
Cosinuslinie.		Arcuscosinuslinie.
5. $y = \cot x$		$y = \operatorname{arc} \cot x$
Cotangenslinie.		Arcuscotangenslinie.

Die Bilder der Funktionen (4) und (5) sind ganz ähnliche Kurven wie die entsprechenden der Funktionen (2) und (3).

Ist die Gleichung einer Kurve in der impliciten Form $f(xy) = 0$, gegeben, so erhält man auch die Gleichung der inversen Kurve, indem man hierin x mit y vertauscht.

Ist $f(xy) = 0$ die Gleichung der Originalkurve, so ist diejenige der inversen Kurve dargestellt durch $f(y, x) = 0$.

Erklärung. Eine Funktion $f(xy) = 0$, die sich nicht ändert, wenn man die Veränderlichen x und y vertauscht, heisst sich selbstinvers.

Geometrisch stellt eine solche Funktion eine Kurve dar, die symmetrisch zur Halbierungslinie des von der + x-Axe und der + y-Axe gebildeten Winkels liegt.

Sich selbst inverse Funktionen sind beispielsweise die folgenden

$$x + y - a = o, \quad a(x^2 + y^2) + bxy + c(x + y) + d = 0$$

$$x^3 + y^3 - pxy = o, \quad xy - a = o,$$

von denen die beiden letzten — das Folium von Descartes und die gleichseitige Hyperbel — durch Figur (7) und (13) dargestellt sind.

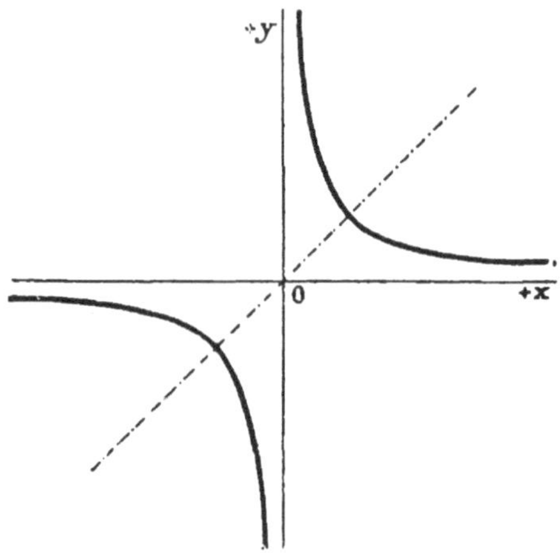

Fig. 13.

§ 6. Eindeutigkeit und Mehrdeutigkeit der Funktionen.

Erklärung. Eine Funktion $y = f(x)$ heisst eindeutig, wenn zu irgend einem Wert von x nur ein einziger Wert von y gehört. Sie heisst n-deutig, wenn für einen Wert von x die Gleichung $y = f(x)$ n-Werte $y_1\ y_2 \dots y_n$ von y liefert.

So ist beispielsweise $y = \sqrt{ax + b}$ für alle Werte von $x > -\frac{b}{a}$ zweideutig, da man der Quadratwurzel sowohl das positive als das negative Zeichen geben kann. Sie wird eindeutig wenn $ax + b = o$ oder $x = -\frac{b}{a}$ ist und o-deutig für alle Werte von $x < -\frac{b}{a}$.

Für die rationalen Funktionen gilt der

Satz. Jede rationale Funktion ist eine eindeutige Funktion.

Beispiele von mehrdeutigen Funktionen bieten die irrationalen Funktionen dar.

§ 7. Grenzwerte der Funktionen.

1. Erklärung. Wenn eine veränderliche Grösse x sich mehr und mehr einer bestimmten Zahl a (0, 1, 2, . . ., ∞) nähert und ihr Unterschied von a schliesslich kleiner bleibt als irgend welche angebbare Grösse, so sagt man x habe den Wert a zur Grenze (limes) und bezeichnet diesen Prozess durch

$$\text{limes}\,(x = a).$$

Nähert sich x dem Wert a, so nähert sich gleichzeitig auch jede Funktion f (x) von x einer Grenze A und man drückt diesen Prozess aus durch

$$\lim f(x)\Big|_{x=a} = A,$$

d. h. f (x) erreicht die Grenze A, wenn x die Grenze a erreicht. A heisst der Grenzwert der Funktion f (x).

2. So ist beispielsweise

$\lim (x^5 + a^5)_{x=a} = 2a^5$, $\lim (x^2 - ax)_{x=a} = 0$,

3. Ist ferner

$$i = n r^2 \sin \frac{\pi}{n} \cos \frac{\pi}{n}$$

der Inhalt eines in einen Kreis von Radius r beschriebenen regulären n-Ecks (Fig. 14), so nähert sich derselbe um so mehr dem Inhalt J des Kreises, je grösser n wird, d. h. es ist

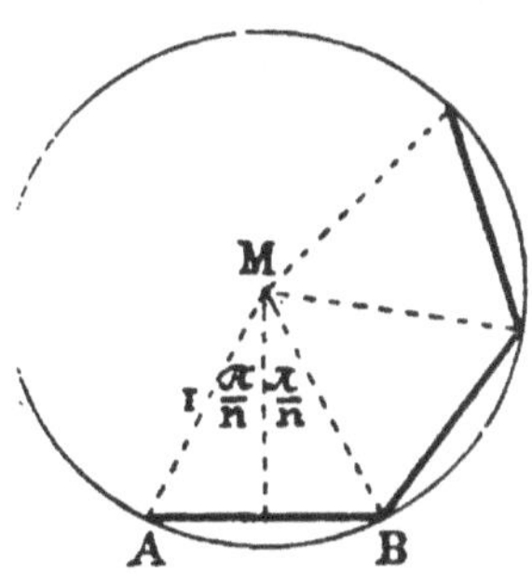

Fig. 14.

$$J = \lim i\Big|_{n=\infty} = r^2 \lim n \sin \frac{\pi}{n} \cos \frac{\pi}{n}\Big|_{n=\infty}.$$

Es seien noch folgende Sätze angeführt:

4. **Satz:** Der Grenzwert der Summe oder der Differenz zweier oder mehrerer Funk-

tionen ist gleich der Summe oder der Differenz der Grenzwerte der einzelnen Funktionen.

$$\lim \left\{ f(x) + \varphi(x) + \psi(x) + \ldots \right\} = A + B + C + \ldots,$$

wo A, B, C, ... die Grenzwerte von f, φ, ψ, ... bezeichnen. — Ebenso gilt der

5. Satz: Der Grenzwert des Produkts, bezw. Quotienten zweier Funktionen ist gleich dem Produkt, bezw. Quotienten der Grenzwerte der beiden Funktionen.

$$\lim f(x)\,\varphi(x)\Big|_{x=a} = A.B$$

$$\lim \frac{f(x)}{\varphi(x)}\Big|_{x=a} = \frac{A}{B}$$

Um dies zu beweisen, denke man sich die beiden Funktionen f und φ auf die Form gebracht

$$f(x) = A + g(x),\ \varphi(x) = B + h(x),$$

wo g und h Funktionen von x bezeichnen, die für $x = a$ verschwinden. Dann geht das Produkt

$$f(x)\,\varphi(x) = A\,B + A\,h(x) + B\,g(x) + g(x)\,h(x)$$

für $x = a$ über in

$$f(a)\,\varphi(a) = A.B; \text{ ebenso}$$

$\frac{f(a)}{\varphi(a)} = \frac{A}{B}$, womit der Satz bewiesen ist.

6. In vielen Fällen tritt der Grenzwert einer Funktion auch in unbestimmter Form auf. Dann hat man die Aufgabe zu lösen, den wahren Wert derselben aufzusuchen. So geht beispielsweise die Funktion $\frac{x^3 - a^3}{x - a}$ für $x = a$ in die unbestimmte Form $\frac{0}{0}$ über. Dividiert man jedoch vorher mit $x - a$ durch, so folgt:

$$\lim \frac{x^3 - a^3}{x - a} = \lim \left(x^2 + a x + a^2\right)_{x = a} = 3 a^2.$$

Wie die Differentialrechnung ein Mittel darbietet, den wahren Wert von Grenzwerten zu berechnen, die zunächst in unbestimmter Form auftreten, wird in § 31—35 gezeigt werden.

§ 8. Die Zahl e und die Summe der k^{ten} Potenzen der natürlichen Zahlen.

a) Setzt man in dem Ausdruck $a_n = \left(1 + \frac{1}{n}\right)^n$ der Reihe nach $n = 1, 2, 3, 4, \ldots$, so ergeben sich hiefür die Zahlenwerte

$$(1) \quad \begin{aligned} &a_1 = 2,\ a_2 = \left(\frac{3}{2}\right)^2 = 2{,}25,\ a_3 = \left(\frac{4}{3}\right)^3 = 2{,}370370\ldots, \\ &a_4 = \left(\frac{5}{4}\right)^4 = 2{,}44140\ldots, \end{aligned}$$

etc., die fortwährend zunehmen und einem gewissen Grenzwert zustreben, der jedenfalls grösser als 2 ist.

Sind a und b den Bedingungen unterworfen

$$(2) \qquad a > b > 0$$

und ist n eine ganze positive Zahl, so ist offenbar:

$$(3) \quad \frac{a^{n+1} - b^{n+1}}{a - b} = a^n + a^{n-1} b + a^{n-2} b^2 + \ldots + b^n < (n+1) a^n,$$

somit auch

$$a^{n+1} - b^{n+1} < (a - b)(n+1) a^n$$

Setzt man hierin im Einklang mit der Bedingung (2)

$$a = 1 + \frac{1}{n},\quad b = 1 + \frac{1}{n+1},$$

so folgt nach einiger Umformung:

$$(4)\qquad \left(1+\frac{1}{n}\right)^n < \left(1+\frac{1}{n+1}\right)^{n+1},$$

ein Ausdruck, der zeigt, dass in der Reihe der Zahlen $a_1 a_2 a_3 \ldots$ jede folgende grösser ist als die vorhergehende.

Setzt man andererseits ebenfalls in Uebereinstimmung mit (2)

$$a = 1 + \frac{1}{2n},\ b = 1,$$

so geht die Ungleichung (3) über in

$$(5)\qquad \left(1+\frac{1}{2n}\right)^n < 2 \text{ oder } \left(1+\frac{1}{2n}\right)^{2n} < 4.$$

Diese Formel zeigt, dass, wie gross auch n wachsen möge, keine der Zahlen $a_1 a_2 a_3 \ldots$ den Betrag 4 erreicht. Wir schliessen deshalb, dass der Ausdruck $\left(1+\frac{1}{n}\right)^n$ für ein unendlich wachsendes n sich mehr und mehr einer zwischen 2 und 4 liegenden Grenze nähert. Diese Grenze wird allgemein mit dem Buchstaben e bezeichnet.

Satz: Unter der Zahl e versteht man den Grenzwert, gegen welchen der Ausdruck $\left(1+\frac{1}{n}\right)^n$ für $n = \infty$ oder auch der folgende $(1+\delta)^{\frac{1}{\delta}}$ für $\delta = 0$ convergiert.

$$(6)\qquad e = \lim\left(1+\frac{1}{n}\right)^n_{n=\infty} = \lim\left(1+\delta\right)^{\frac{1}{\delta}}_{\delta=0}.$$

Die Zahl e ist irrational und näherungsweise angegeben durch $e = 2{,}7182818\ldots$

Man berechnet sie am einfachsten, indem man den

Ausdruck $\left(1+\frac{1}{n}\right)^n$ mit Hilfe des binomischen Lehrsatzes nach Potenzen von $\frac{1}{n}$ entwickelt und nachträglich $n = \infty$ setzt:

$$e = 1 + 1 + \frac{1}{2!} + \frac{1}{3!} + \frac{1}{4!} + \dots$$

wo $k! = 1 . 2 . 3 \dots . k$ ist (gelesen: k-Fakultät).

Nimmt man in Formel (6) beiderseits die Logarithmen für die Basis α, so folgt:

$$\lim \frac{\overset{\alpha}{\log}(1+\delta)}{\delta}\bigg|_{\delta=0} = \frac{0}{0} = \overset{\alpha}{\log}\, e. \qquad (7)$$

Wird die Zahl e selbst als Basis des Logarithmensystems angenommen, so bezeichnet man nach § 3, α $\overset{e}{\log}$ mit l und erhält:

$$\lim \frac{l(1+\delta)}{\delta}\bigg|_{\delta=0} = le = 1. \qquad (8)$$

Setzt man $\delta = a^x - 1$, so entspricht dem Wert $\delta = 0$ der Wert $x = 0$ und umgekehrt und folgt:

$$a^x = \delta + 1, \quad x = \log(\delta + 1) : \log a.$$

Weiter ergiebt sich hiermit

$$\lim \frac{a^x - 1}{x}\bigg|_{x=0} = \log a \lim \frac{\delta}{\log(\delta+1)}\bigg|_{\delta=0}$$

$$= \frac{\log a}{\lim (\delta + 1)^{\frac{1}{\delta}}} = \frac{\log a}{\log e}.$$

Es ist somit

$$\lim \frac{a^x - 1}{x}\bigg|_{x=0} = \frac{\log a}{\log e} \qquad (9)$$

oder vom e selbst Basis des logarithmischen Systems ist

$$\lim \frac{a^x - 1}{x}\bigg|_{x=0} = l\, a. \qquad (10)$$

Setzt man schliesslich noch hierin $a = e$, so folgt:

$$\lim \frac{e^x - 1}{x} = 1. \tag{11}$$

b) Bekanntlich*) ist $S_1 = 1 + 2 + 3 + \ldots + n$ $= \frac{n}{2}(n+1)$, somit

$$\frac{S_1}{n^2} = \frac{1}{2} + \frac{1}{2n}, \lim_{n=\infty} \frac{S_1}{n^2} = \frac{1}{2}; \text{ ebenso}$$

$$S_2 = 1^2 + 2^2 + 3^2 + \ldots + n^2 = \frac{n^3}{3} + \frac{n^2}{2} + \frac{n}{6}, \text{ daher}$$

$$\frac{S_2}{n^3} = \frac{1}{3} + \frac{n}{2} + \frac{n^2}{6}, \lim_{n=\infty} \frac{S_2}{n^3} = \frac{1}{3}, \text{ etc.}$$

Die Summe $S_k = 1^k + 2^k + \ldots + n^k$ durch einen ähnlichen Ausdruck wie S_1, S_2, ... anzugeben, ist bis jetzt allgemein nicht möglich gewesen. Es mag daher für unsere Zwecke genügen den Wert von $\frac{S_k}{n^{k+1}}$ zwischen zwei Zahlen einzuschliessen und hieraus den entsprechenden Grenzwert abzuleiten.

Legen wir wieder die Bedingung (2) zu Grunde und setzen in (3) an Stelle von n die Zahl k, so ist offenbar, wenn wir zuerst für b das grössere a, dann für a das kleinere b setzen

$$(k+1)\,a^k > \frac{a^{k+1} - b^{k+1}}{a - b} > (k+1)\,b^k.$$

Wird hierin in Uebereinstimmung mit (2) zuerst

$$a = x + 1,\ b = x,\ \text{dann}\ a = x,\ b = x - 1$$

gesetzt, so ergeben sich zwei Ungleichungen, die durch die folgenden zusammengefasst werden können:

$$\frac{(x+1)^{k+1} - x^{k+1}}{k+1} > x^k < \frac{x^{k+1} - (x-1)^{k+1}}{k+1}.$$

*) Vergl. Sammlung Göschen Bd. 53, § 88.

Werden alle hieraus für $x = 1, 2, 3, \ldots, n$ entspringenden Ungleichungen addiert und wird mit n^{k+1} dividiert, so folgen die weiteren Ungleichungen

$$\frac{(n+1)^{k+1} - 1^{k+1}}{n^{k+1}(k+1)} > \frac{S_k}{n^{k+1}} > \frac{1}{k+1},$$

die für $n = \infty$ übergehen in

$$\frac{1}{k+1} > \lim \frac{S_k}{n^{k+1}} > \frac{1}{k+1}.$$

Diese Gleichungen können offenbar nur bestehen, wenn

$$\lim_{n=\infty} \frac{S_k}{n^{k+1}} = \frac{1}{k+1}$$

ist. **Satz.** Der Quotient

$$\frac{S_k}{n^{k+1}} = \frac{1}{n^{k+1}}(1^k + 2^k + \ldots + n^k)$$

nähert sich bei unendlich wachsenden n der Grenze $\frac{1}{k+1}$. Siehe § 11.

§ 9. Die Grenzwerte von $\frac{\sin x}{x}$, $\frac{\operatorname{tg} x}{x}$, etc.

1. Aus Figur (1) folgt $BF < AB < AE$ oder $\sin x < x < \operatorname{tg} x$, daher ist auch

$$\frac{1}{\sin x} > \frac{1}{x} > \frac{1}{\operatorname{tg} x}$$

multipliziert man hierin mit $\sin x$ durch, so erhält man

$$1 > \frac{\sin x}{x} > \cos x.$$

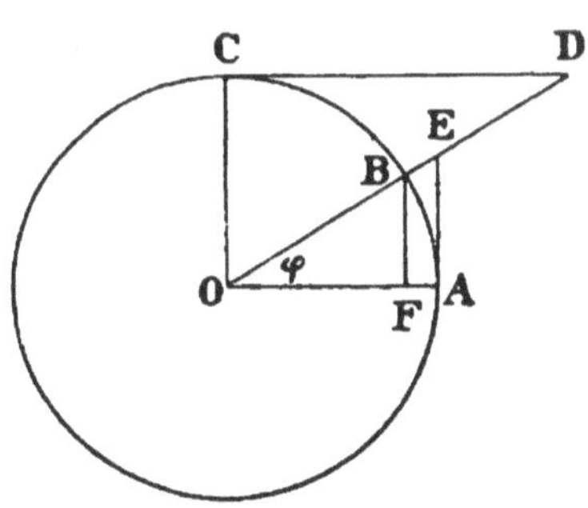

Fig. 1.

Für $x = 0$ wird $\cos x = 1$, daher ist im Grenzfall

$$\lim \frac{\sin x}{x}\Big|_{x=0} \gtrless 1.$$

Diese Ungleichungen können offenbar gleichzeitig nur bestehen, wenn $\lim \left.\frac{\sin x}{x}\right|_{x=0} = 1$ ist. (1)

2. Um $\lim \left.\frac{\sin k x}{x}\right|_{x=0}$ zu bestimmen, setze man $k x = y$, dann folgt

$$\lim \left.\frac{\sin k x}{x}\right|_{x=0} = k \lim \left.\frac{\sin y}{y}\right|_{y=0} = k \,.\, 1 = k. \quad (1)$$

3. Ebenso ergiebt sich

$$\lim \frac{\sin m x}{\sin n x} = \lim \left.\frac{\sin m x : x}{\sin n x : x}\right|_{x=0} = \frac{m}{n}. \quad (3)$$

4. Nach obigen Formeln lässt sich auch der in § 7, 3 angegebene Grenzwert J für den Inhalt eines Kreises vom Radius r bestimmen, nach welchem der Inhalt i eines in den Kreis beschriebenen regulären n-Ecks bei unendlich wachsender Seitenzahl convergiert. Es ist

$$J = \lim i\Big|_{n=\infty} = r^2 \lim n \sin \frac{\pi}{n} \cos \left.\frac{\pi}{n}\right|_{n=\infty}.$$

Setzt man $\frac{\pi}{n} = x$, so folgt

$$\lim n \sin \frac{\pi}{n} \cos \left.\frac{\pi}{n}\right|_{n=\infty} = \pi \lim \frac{\sin x}{x} \cos x\Big|_{x=0} = \pi;$$

daher ist der Inhalt des Kreises

$$J = \pi r^2.$$

4. Ferner ist $\frac{\operatorname{tg} x}{x} = \frac{\sin x}{x} \,.\, \frac{1}{\cos x}$, daher

$$\lim \frac{\operatorname{tg} x}{x} = \lim \frac{\sin x}{x} \,.\, \left.\frac{1}{\cos x}\right|_{x=0} = 1. \quad (4)$$

5. Um $\lim \left.\frac{\operatorname{arc} \sin y}{y}\right|_{y=0}$ zu bestimmen, setze man

$\operatorname{arc\,sin} y = x$, dann ist $y = \sin x$. Der Grenze $y = 0$ entspricht die Grenze $x = 0$, daher ist

$$\lim \frac{\operatorname{arc\,sin} y}{y}\bigg|_{y=0} = \lim \frac{x}{\sin x}\bigg|_{x=0} = 1. \qquad (5)$$

6. Ebenso ist

$$\lim \frac{\operatorname{arc\,tg} x}{x} = \lim \frac{\operatorname{arc\,cot} x}{x}\bigg|_{x=0} = 1. \qquad (6)$$

§ 10. Unendlich kleine Grössen.

1. Erklärung. Wenn eine veränderliche Grösse α gegen Null convergiert, d. h. wenn sie sich dem Grenzwert 0 mehr und mehr nähert, so dass ihr Unterschied von 0 kleiner wird als jede angebbare Grösse, so sagt man, die Veränderliche sei unendlich klein.

Nähert sie sich mehr und mehr dem Grenzwert unendlich (∞), so sagt man, sie werde unendlich gross.

2. Erklärung. Eine unendlich kleine Grösse β heisst von höherer Ordnung als α, wenn

$$\lim \frac{\beta}{\alpha} = 0 \text{ ist.}$$

3. Erklärung: Zwei unendlich kleine Grössen α und γ heissen von derselben Ordnung, wenn ihr Quotient gegen einen von 0 verschiedenen endlichen Grenzwert convergiert.

$$\lim \frac{\gamma}{\alpha} = A.$$

4. Ist α eine unendlich kleine Grösse erster Ordnung, so ist $\beta = A\,\alpha^2$ eine unendlich kleine Grösse zweiter Ordnung, $\gamma = B\,\alpha^3$ eine unendlich kleine Grösse dritter Ordnung u. s. w., wo A, B, ... endliche von 0 verschiedene Zahlen bezeichnen.

5. Die Rechnung mit unendlich kleinen Grössen gründet sich auf folgende Sätze.

I. **Satz.** Eine unendlich kleine Grösse höherer Ordnung ist im Vergleich zu einer solchen niederer Ordnung selbst unendlich klein und kann deshalb in der Rechnung dieser gegenüber vernachlässigt werden.

Um dies zu beweisen, nehme man an, $\beta = \mathrm{A}\,\alpha^{\mathrm{m}}$ sei unendlich klein von der $\mathrm{m}^{\mathrm{ten}}$-Ordnung, $\gamma = \mathrm{B}\,\alpha^{\mathrm{n}}$ unendlich klein von der $\mathrm{n}^{\mathrm{ten}}$-Ordnung, dann ist

$$\frac{\beta}{\gamma} = \frac{\mathrm{A}}{\mathrm{B}}\,\alpha^{\mathrm{m}-\mathrm{n}} = \frac{\mathrm{A}}{\mathrm{B}}\,\alpha^{\mathrm{l}}, \text{ wo } \mathrm{l} = \mathrm{m} - \mathrm{n} > 0 \text{ ist oder:}$$

$$\frac{\beta + \gamma}{\gamma} = \frac{\mathrm{A}}{\mathrm{B}}\,\alpha^{\mathrm{l}} + 1, \text{ somit}$$

$$\lim \frac{\beta + \gamma}{\gamma} = 1 \text{ oder}$$

$$\beta + \gamma = \gamma,$$

womit der Satz bewiesen ist. Eine Folge dieses Satzes ist auch der weitere

II. **Satz.** Setzt sich eine endliche Grösse U aus unendlich vielen unendlich kleinen Grössen $\alpha_1, \alpha_2, \alpha_3 \ldots$ zusammen, so ändert sich dieselbe nicht, wenn jede Grösse α_{k} um eine unendlich kleine Grösse ε_{k} von höherer Ordnung als α_{k} vermehrt (oder vermindert) wird.

Es sei $\mathrm{U} = \alpha_1 + \alpha_2 + \ldots + \alpha_{\mathrm{n}}$.

Setzt man an Stelle von α_1, α_2, ... die Grössen $\alpha_1 + \varepsilon_1$, $\alpha_2 + \varepsilon_2, \ldots$, wo die ε von höherer Ordnung als α unendlich klein sind, so folgt

$$(\alpha_1 + \varepsilon_1) + (\alpha_2 + \varepsilon_2) + \ldots = \alpha_1\left(1 + \frac{\varepsilon_1}{\alpha_1}\right) + \alpha_2\left(1 + \frac{\varepsilon_2}{\alpha_2}\right) + \ldots$$

$$= U + \alpha_1 \frac{\varepsilon_1}{\alpha_1} + \alpha_2 \frac{\varepsilon_2}{\alpha_2} + \ldots$$

Versteht man hierin unter δ den numerisch grössten der Quotienten $\frac{\varepsilon_1}{\alpha_1}, \frac{\varepsilon_2}{\alpha_2}, \ldots$, so ist offenbar

$$U + \delta(\alpha_1 + \alpha_2 + \ldots) > \alpha_1 + \varepsilon_1 + \alpha_2 + \varepsilon_2 + \ldots$$
$$> U - \delta(\alpha_1 + \alpha_2 + \ldots) \text{ oder}$$

wenn wir hierin beiderseits U subtrahieren:

$$U\delta > \varepsilon_1 + \varepsilon_2 + \ldots > -U\delta$$

Da nun im Grenzfall jeder der Quotienten $\frac{\varepsilon_1}{\alpha_1}$, $\frac{\varepsilon_2}{\alpha_2}, \ldots$, also auch δ verschwindet, so fallen schliesslich die beiden Grenzen $U\delta$ und $-U\delta$, zwischen denen der bei der Summation begangene Fehler enthalten ist, in O zusammen. Dieser muss also im Grenzfall selbst verschwinden, d. h. die Summation muss richtig sein.

Einige Anwendungen dieser Sätze sollen in folgendem gemacht werden.

§ 11. Quadratur einiger Kurven.

1. Erklärung. Unter der Quadratur einer Kurve versteht man gewöhnlich die Berechnung des Inhalts U der Fläche, Fig. 15, welche von den Ordinaten y_0 und y_n zweier Kurvenpunkte P_0 und P_n, dem Kurvenbogen $P_0 P_n$ und der Abscissenaxe eingeschlossen wird.

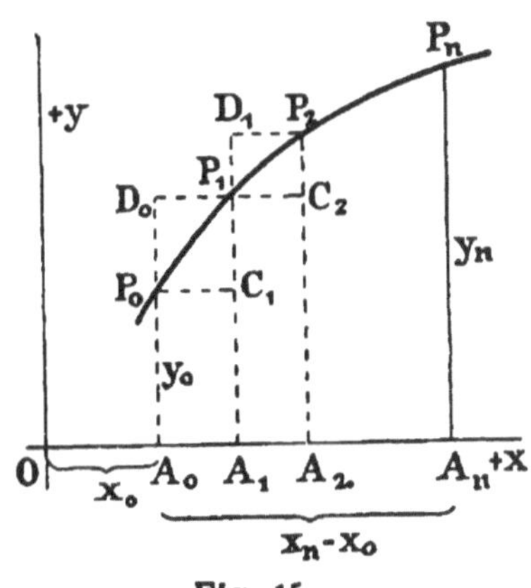

Fig. 15.

Teilt man die Strecke $A_0 A_n = x_n - x_0$ in n gleiche Teile

$$A_0 A_1 = A_1 A_2 = \ldots = A_{n-1} A_n = \alpha = \frac{1}{n}(x_n - x_0),$$

die für $n = \infty$ die Grenze 0 haben sollen und berechnet die zugehörigen Ordinaten $y_0\, y_1\, y_2 \ldots y_n$ aus der gegebenen Kurvengleichung $y = f(x)$, so lässt sich der Flächeninhalt U als die Grenze betrachten, gegen welchen die Summe der Rechtecke

$U_n = D_0 A_0 A_1 P_1 + D_1 A_1 A_2 P_2 + \ldots$ oder auch die folgenden $U'_n = P_0 A_0 A_1 C_1 + P_1 A_1 A_2 C_2 + \ldots$

bei unendlich wachsendem n convergiert:

$$U = \lim (y_1 \alpha + y_2 \alpha + \ldots + y_n \alpha)_{n=\infty}$$
$$= \lim (y_0 \alpha + y_1 \alpha + \ldots + y_{n-1} \alpha)_{n=\infty},$$

denn jedes dieser Rechtecke ist für $n = \infty$ eine unendlich kleine Grösse erster Ordnung, gegen welche die Flächenstücke $D_0 P_0 P_1$, $D_1 P_1 P_2$, ... bezw. $P_0 C_1 P_1$, $P_1 C_2 P_2$, ..., welche zur Vervollständigung des gesuchten Flächeninhalts U subtrahiert oder addiert werden müssen, als unendlich kleine Grössen zweiter Ordnung nach Satz II des vorigen § ohne Fehler vernachlässigt werden dürfen.

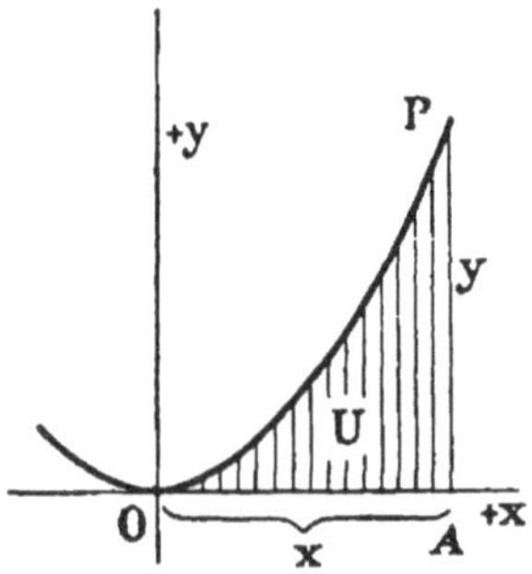

Fig. 15.

2. Quadratur der Parabel. Die Parabel $y = a x^2$ berührt die x-Axe im Ursprung. Es ist der Flächeninhalt gesucht, welcher von dem Kurvenbogen OP und den Koordinaten x und y des Punkts P eingeschlossen wird.

Teilt man $OA = x$ in n gleiche Teile $\frac{x}{n}$, denen die Ordinaten

$$y_1 = \frac{a x^2}{n^2},\ y_2 = 4a\frac{x^2}{n^2},\ y_3 = 9a\frac{x^2}{n^2},\ \ldots,\ y_n = n^2 a\frac{x^2}{n^2}$$

entsprechen, dann ist der Inhalt U des Flächenstücks O A P gleich dem Grenzwert, gegen welchen die Summe der Rechtecke

$$U = a\frac{x^2}{n^2}\cdot\frac{x}{n} + 4a\frac{x^2}{n^2}\cdot\frac{x}{n} + \ldots + n^2 a\frac{x^2}{n^2}\cdot\frac{x}{n}$$
$$= a\frac{x^3}{n^3}(1+4+9+\ldots+n^2)$$

bei unendlich wachsendem n convergiert. Nun ist bekanntlich die Summe der n ersten Quadratzahlen:

$$\sum_1^n n^2 = \frac{n^3}{3} + \frac{n^2}{2} + \frac{n}{6},\ \text{daher}$$

$$U = \frac{a x^3}{n^3}\left(\frac{n^3}{3} + \frac{n^2}{2} + \frac{n}{6}\right) = a x^3\left(\frac{1}{3} + \frac{1}{2n} + \frac{1}{6n^2}\right),$$

ein Ausdruck, der für $n = \infty$ übergeht in

$$U = \frac{a x^3}{3} = \frac{1}{3} x y.$$

3. In gleicher Weise findet man den Flächeninhalt für die Wendepunktsparabel, Fig. 17, $y = a x^3$

$$U = \frac{1}{4} x y$$

und allgemein für die parabolische Kurve $y = a x^r$

$$U = \frac{1}{r+1} x y,$$

wo r auch eine gebrochene Zahl $r = \frac{m}{n}$ und die Gleichung der Kurve von der Form sein kann $y^n = a^n x^m$.

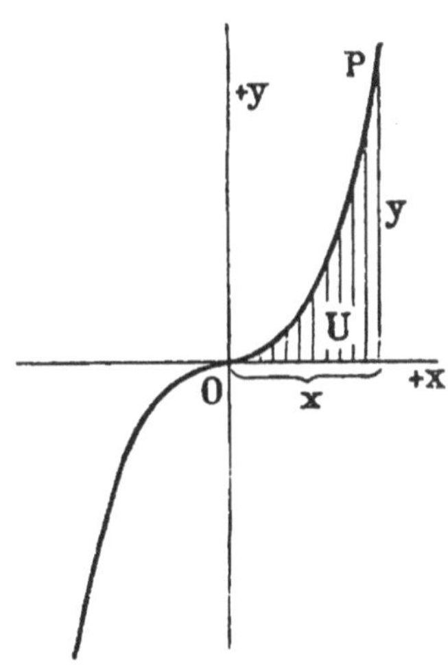

Fig. 17.

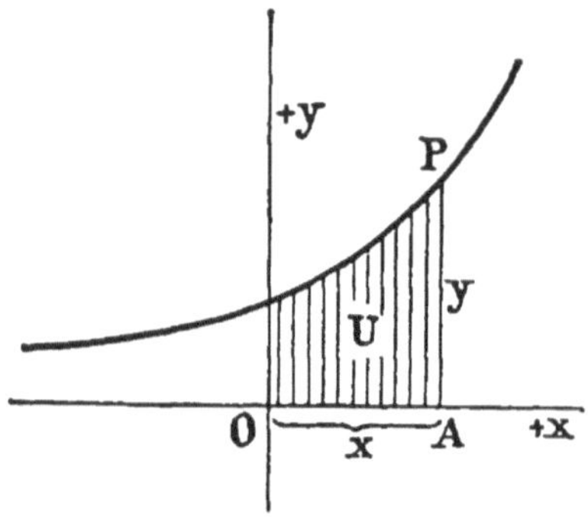

Fig. 18.

4. Die Exponentialkurve, deren Gestalt wir aus § 5 kennen, hat die Gleichung: $y = a^x$.

Teilt man ebenso wie oben die Abscisse $OA = x$ des Punkts P in n gleiche Teile $\frac{x}{n}$, Fig. 18, so entsprechen den Endpunkten derselben Punkte der Kurve mit den Ordinaten

$$y_1 = a^{\frac{x}{n}},\ y_2 = a^{\frac{2x}{n}},\ y_3 = a^{\frac{3x}{n}},\ \ldots,\ y_n = a^{\frac{nx}{n}};\ \text{somit ist}$$

$$U = \frac{x}{n}\left(a^{\frac{x}{n}} + a^{\frac{2x}{n}} + \ldots + a^{\frac{nx}{n}}\right) = \frac{x}{n}\, a^{\frac{x}{n}}\, \frac{a^x - 1}{a^{\frac{x}{n}} - 1}\Bigg|_{n=\infty}.$$

Nach § $8_{,10}$ ist aber der Ausdruck

$$\frac{\frac{x}{n}}{a^{\frac{x}{n}} - 1}\Bigg|_{n=\infty} = \frac{0}{0} = \frac{1}{la},\ \text{daher ist}$$

$$U = \frac{1}{la}(a^x - 1).$$

5. Der Inhalt der Sinuslinie, Fig. 19, vom Ursprung bis zur Ordinate y des Punktes P ist ebenso

$$U = \frac{x}{n}\left(\sin\frac{x}{n} + \sin\frac{2x}{n} + \ldots + \sin\frac{nx}{n}\right)_{n=\infty}.$$

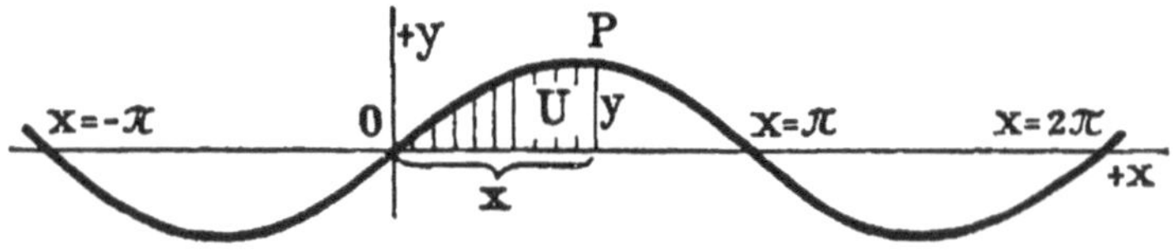

Fig. 19.

Der Ausdruck in der Klammer*) ist aber gleich

$$\frac{\sin\frac{x}{2}\sin\left(\frac{x}{2}+\frac{x}{2n}\right)}{\sin\frac{x}{2n}}\text{, und daher}$$

$$U=\frac{x}{2n}\frac{2\sin\frac{x}{2}\sin\left(\frac{x}{2}+\frac{x}{2n}\right)}{\sin\frac{x}{2n}}\Bigg|_{n=\infty}.$$

Nach § $9_{,1}$ ist

$$\frac{x}{2n}\cdot\frac{1}{\sin\frac{x}{2n}}\Bigg|_{n=\infty}=\frac{0}{0}=1\text{, daher}$$

$$U=2\sin^2\frac{x}{2}=1-\cos x.$$

6. Auch der Kubikinhalt des Rotationsparaboloids, Fig. 20, welches die Gleichung hat

$$z=x^2+y^2=r^2,$$

kann in derselben Weise ermittelt werden.

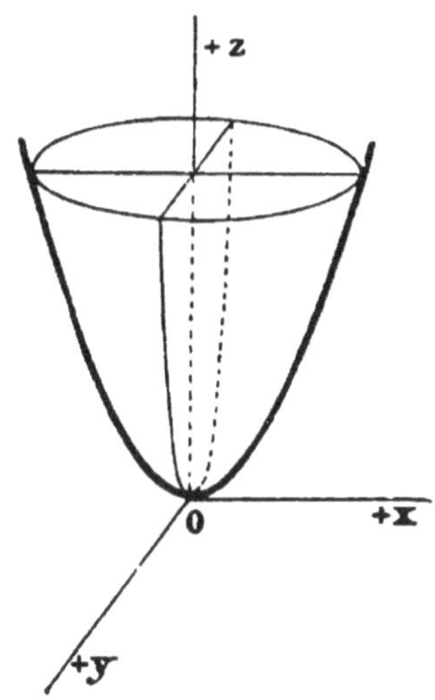

Fig. 20.

Teilt man $OA=z$ in n gleiche Teile $\frac{z}{n}=\frac{r^2}{n}$ und legt durch die Endpunkte derselben mit dem Koordinaten

$$z_1=\frac{r^2}{n},\ z_2=2\frac{r^2}{n}, z_3=3\frac{r^2}{n},\ldots, z_n=n\frac{r^2}{n}$$

*) Vergl. Dr. B Sporer, Niedere Analysis, Sammlung Göschen. Bd. 53. § 97.

Ebenen senkrecht zur z-Axe, so schneiden diese aus dem Paraboloid Kreise heraus, deren Inhalt bzw. ist

$$\pi\frac{r^2}{n}, 2\pi\frac{r^2}{n}, 3\pi\frac{r^2}{n}, \ldots, n\pi\frac{r^2}{n}.$$

Multipliziert man diese mit $\frac{z}{n} = \frac{r^2}{n}$, so erhält man den Kubikinhalt von n Cylinderflächen, deren Summe bei unendlich wachsendem n nach dem Inhalt K der Rotationsfläche von $z = 0$ bis $z = z$ konvergiert.

$$K = \frac{\pi}{n^2} r^4 (1 + 2 + 3 + \ldots + n) = \pi\frac{r^4}{n^2} \cdot \frac{n}{2} (n + 1)_{n = \infty}$$

$$= \frac{\pi}{2} r^4.$$

§ 12. Endlichkeit und Stetigkeit der Funktionen.

1. Erklärung. Eine Funktion $y = f(x)$ ist innerhalb eines Gebietes von $x = a$ bis $x = b$ endlich, wenn zu jedem Wert von x innerhalb dieses Gebiets ein endlicher Wert von y gehört.

2. Sie ist zugleich stetig innerhalb dieses Gebiets, wenn jeder noch so kleinen Aenderung von x innerhalb desselben eine ebenfalls noch so kleine Aenderung von y entspricht.

3. Erklärung. Eine Funktion $y = f(x)$ wird für $x = a$ unstetig, wenn sie für diesen Wert unendlich wird oder wenn sie bei einer stetigen Aenderung von x an dieser Stelle plötzlich einen Sprung macht.

Wir unterscheiden also „Unstetigkeit durch Unendlichwerden“ und „Unstetigkeit durch endlichen Sprung.“

Als Beispiel für den ersten Fall sei die Funktion $y = \frac{x^2}{(x-1)^2}$ angeführt, welche für $x = 1$ unstetig wird

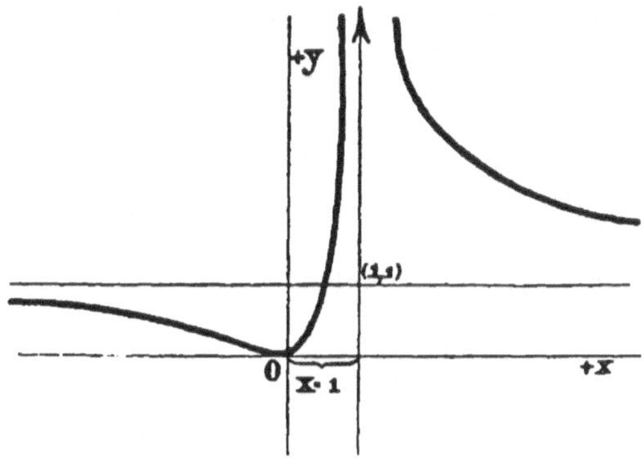

Fig. 21.

und geometrisch eine Kurve 3. Ordnung darstellt, welche in $x = 1$ einen unendlich fernen Punkt besitzt und die in Fig. 21 angegebene Gestalt hat.

Unstetigkeiten durch endlichen Sprung sollen hier nicht weiter betrachtet werden, da sie in den folgenden

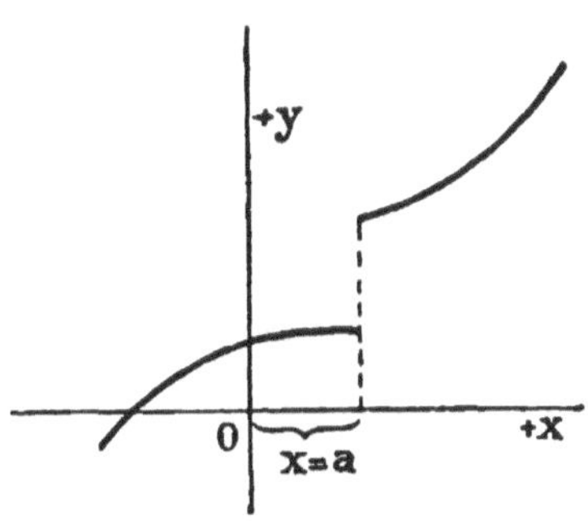

Fig. 22.

Untersuchungen nicht vorkommen. Eine Funktion, welche für $x = a$ in dieser Art unstetig wird, ist geometrisch in Figur 22 veranschaulicht.

II. Abschnitt.

Differenzen, Differentiale und Ableitungen erster Ordnung.

§ 13. Herleitung des Differentialquotienten.

Lässt man in der Gleichung $y = f(x)$ die Veränderliche x um die Grösse $\triangle x$ zu- oder abnehmen, dann verändert sich offenbar auch y um eine gewisse Grösse, die mit $\triangle y$ bezeichnet werden soll. Geht hiebei die gegebene Funktion $y = f(x)$ über in

$$y + \triangle y = f(x + \triangle x),$$

so erhält man durch Subtraktion und Division mit $\triangle x$ den Ausdruck

$$\frac{\triangle y}{\triangle x} = \frac{f(x + \triangle x) - f(x)}{\triangle x},$$

der als „erster Differenzenquotient" oder kurz als „Differenzenquotient von f (x)" bezeichnet wird.

Erklärung. Der Grenzwert, gegen welchen der Quotient $\frac{\triangle y}{\triangle x}$ (für $\triangle x = 0$) convergiert, ist alsdann eine neue Funktion von x, die nach Lagrange die Ableitung von y oder f (x) genannt und durch eines der Zeichen

$$\frac{dy}{dx} = y' = f'(x) = \frac{df(x)}{dx} = \lim \frac{f(x + \triangle x) - f(x)}{\triangle x}\Bigg|_{\triangle x = 0}$$

festgesetzt wird. Die im Verschwinden begriffenen unendlich klein gewordenen Zunahmen dx und dy heissen **Differentiale** und die Ableitung selbst deshalb auch der **Differentialquotient.**

Beispiel:

Aus $y = \frac{a}{b+x}$ erhalten wir

$$y + \triangle y = \frac{a}{b+x+\triangle x}$$

und hieraus durch Subtraktion und Division mit $\triangle x$ den Differenzenquotienten

$$\frac{\triangle y}{\triangle x} = -\frac{a}{(b+x)(b+x+\triangle x)},$$

der für $\triangle x = 0$ in den Differentialquotienten übergeht

$$\frac{dy}{dx} = -\frac{a}{(b+x)^2}.$$

§ 14. Geometrische Bedeutung des Differentialquotienten.

Es sei $y = f(x)$ die Gleichung einer ebenen Kurve bezogen auf ein rechtw. Koordinatensystem, ferner α' der Winkel, den die Sekante PP' zweier Kurvenpunkte P und P' mit den Koordinaten x, y und $x+\triangle x$, $y+\triangle y$ mit der positiven x-Axe macht, so ist offenbar Fig. 23.

$$\operatorname{tg} \alpha' = \frac{\triangle y}{\triangle x}.$$

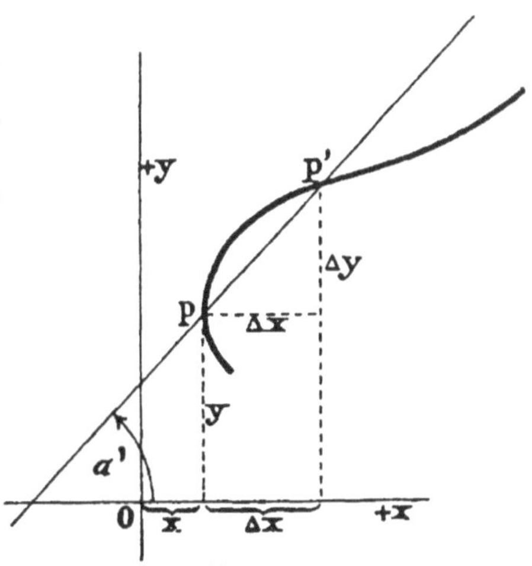

Fig. 23.

Satz. Der Differenzenquotient ist gleich der trigonometrischen Tangente des Winkels α', um welche die Sekante PP' von der positiven x-Axe im Sinne der Pfeilrichtung abweicht.

Fallen die beiden Punkte P und P' zusammen, dann ist $\triangle x = \triangle y = 0$ und geht die Sekante PP' in die Tangente im Punkte P über; es ist

$$\operatorname{tg} \alpha = \frac{dy}{dx} = f'(x)$$

die trigonometrische Tangente des Winkels α, den die Kurventangente im Punkt mit der Abscisse x mit der $+$x-Axe macht.

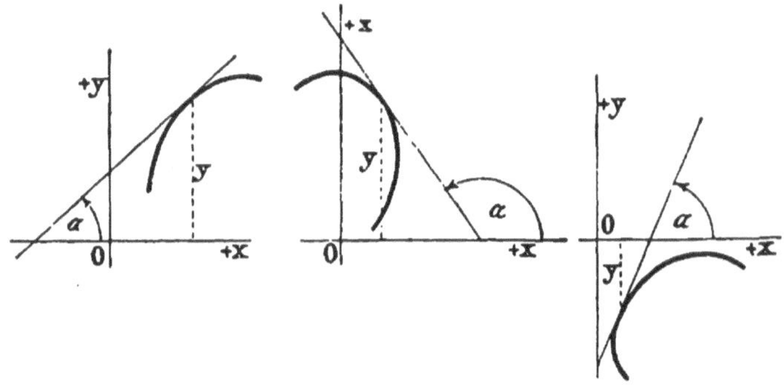

Fig. 24.

Satz. Der Differentialquotient ist gleich der trigonometrische Tangente des Winkels α, um welchen die Kurventangente im Punkt mit der Abscisse x im Sinn der Pfeilrichtung von der x-Axe abweicht.

Sind ξ η die laufenden Koordinaten, so erhält die Sekante PP', bezw. die Kurventangente im Punkt P die Gleichung

$$\eta - y = \frac{\triangle y}{\triangle x}(\xi - x), \text{ bezw. } \eta - y = \frac{dy}{dx}(\xi - x).$$

Auch in der Mechanik kommt dem Differentialquotienten eine wichtige Bedeutung zu, die in § 69 weiter ausgeführt wird.

§ 15. Differentiation der einfachsten algebraischen Funktionen.

Ist c eine Konstante, so folgt aus

1. $y = c, \frac{\Delta y}{\Delta x} = \frac{c - c}{\Delta x} = 0, \frac{dy}{dx} = 0,$ somit

Satz. Der Differentialquotient einer konstanten Grösse ist stets gleich 0.

2. $y = c + x, \frac{\Delta y}{\Delta x} = \frac{\Delta x}{\Delta x} = 1, \frac{dy}{dx} = 1.$

3. $y = c - x, \frac{\Delta y}{\Delta x} = \frac{-\Delta x}{\Delta x} = -1, \frac{dy}{dx} = -1.$

4. $y = cx, \frac{\Delta y}{\Delta x} = \frac{c(x + \Delta x) - cx}{\Delta x} = c, \frac{dy}{dx} = c.$

5. $y = \frac{c}{x}, \frac{\Delta y}{\Delta x} = -\frac{c}{x(x + \Delta x)}, \frac{dy}{dx} = -\frac{c}{x^2}.$

6. $y = x^c.$

α) c sei eine ganze positive Zahl, dann erhält man

$$\frac{\Delta y}{\Delta x} = \frac{(x + \Delta x)^c - x^c}{\Delta x}$$

und wenn man hierauf den binomischen Lehrsatz anwendet und rechts mit Δx dividiert

$$\frac{\Delta y}{\Delta x} = c x^{c-1} + \frac{c(c-1)}{2.1} x^{c-2} \Delta x + \ldots,$$

woraus für $\Delta x = \Delta y = 0$ folgt

$$\frac{dy}{dx} = \frac{dx^c}{dx} = c x^{c-1}.$$

β) Ist c eine ganze negative Zahl $c = -k$, wo k positiv, so ist

$$\frac{\Delta y}{\Delta x} = \frac{1}{(x + \Delta x)^k} - \frac{1}{x^k} = - \frac{(x + \Delta x)^k - x^k}{x^k (x + \Delta x)^k},$$

wo der Ausdruck im Zähler beim Uebergang zur Grenze den Wert $k x^{k-1}$ annimmt. Es ist daher

$$\frac{dy}{dx} = -k \frac{x^{k-1}}{x^{2k}} = -k x^{-k-1} = c x^{c-1}.$$

γ) Ist endlich c eine gebrochene Zahl $c = \frac{m}{n}$, so ist

$$y = x^{\frac{m}{n}} \text{ oder } y^n = x^m.$$

Hieraus erhält man

$$(y + \Delta y)^n - y^n = (x + \Delta x)^m - x^m.$$

Dividiert man beiderseits mit Δx und multipliziert ausserdem noch links mit $\frac{\Delta y}{\Delta y} = 1$, so folgt:

$$\frac{(y + \Delta y)^n - y^n}{\Delta y} \cdot \frac{\Delta y}{\Delta x} = \frac{(x + \Delta x)^m - x^m}{\Delta x}$$

Da hierin m und n ganze Zahlen sind, so folgt beim Uebergang zur Grenze

$$n y^{n-1} \frac{dy}{dx} = m x^{m-1}$$

und hieraus mit Berücksichtigung der gegebenen Gleichung

$$\frac{dy}{dx} = \frac{m}{n} x^{\frac{m}{n} - 1} = c x^{c-1}.$$

Satz. Der Differentialquotient der Potenz x^c ist stets $\frac{dy}{dx} = c x^{c-1}$, welchen Wert auch der Exponent c haben möge.

§ 16. Differentiation der elementaren transcendenten Funktionen.

a. Von der Exponentialfunktion $y = a^x$ ausgehend, erhalten wir

$$\frac{\Delta y}{\Delta x} = \frac{a^{x+\Delta x} - a^x}{\Delta x} = a^x \frac{a^{\Delta x} - 1}{\Delta x}.$$

Nach § 8 Nr. 9 ist

$$\lim \left. \frac{a^{\Delta x} - 1}{\Delta x} \right|_{\Delta x = 0} = \frac{\log a}{\log e}, \text{ daher}$$

$$\frac{dy}{dx} = \frac{d a^x}{dx} = a^x \frac{\log a}{\log e}. \qquad (1)$$

Nimmt man hierin die Logarithmen für die Grundzahl e, so ist $\overset{e}{\log} e = 1$ und wird $\overset{e}{\log} a$ mit $l a$ bezeichnet. Man erhält daher als Ableitung der Exponentialfunktion

$$\frac{dy}{dx} = \frac{d a^x}{dx} = a^x l a. \qquad (1)$$

Setzt man schliesslich noch $a = e$ gleich der Basis des natürlichen Logarithmensystems, so ist $l a = 1$ und

$$\frac{dy}{dx} = \frac{d e^x}{dx} = e^x. \qquad (2)$$

Satz. Die Exponentialgrösse e^x hat die Eigenschaft, gleich ihrer Ableitung zu sein.

b. Die logarithmische Funktion.

Ist $y = \overset{a}{\log} x$, so folgt

$$\frac{\Delta y}{\Delta x} = \frac{\overset{a}{\log}(x + \Delta x) - \overset{a}{\log} x}{\Delta x} = \frac{\overset{a}{\log} \frac{x + \Delta x}{x}}{\Delta x}$$

$$= \frac{1}{x} \overset{a}{\log} \left(1 + \frac{\Delta x}{x}\right)^{\frac{x}{\Delta x}}.$$

Nach § 8 ist $\lim \frac{\log(1+z)}{z} = \lim \log(1+z)^{\frac{1}{z}} = \log e$,

daher auch

$$\log\left(1+\frac{\Delta x}{x}\right)^{\frac{x}{\Delta x}}\Bigg|_{\Delta x = 0} = \overset{a}{\log} e = \frac{1}{l a} \text{ und}$$

$$\frac{dy}{dx} = \frac{1}{x}\overset{a}{\log} e = \frac{1}{x\, l a} = \frac{M_a}{x}. \qquad (3)$$

Hieraus folgt für den natürlichen Logarithmus

$$y = l x$$

$$\frac{dy}{dx} = \frac{d\, l x}{dx} = \frac{1}{x}. \qquad (4)$$

c. Die trigonometrischen Funktionen.

α) Aus $y = \sin x$ folgt

$$\frac{\Delta y}{\Delta x} = \frac{\sin(x+\Delta x) - \sin x}{\Delta x} = \frac{\cos\left(x+\frac{\Delta x}{2}\right)\sin\frac{\Delta x}{2}}{\frac{\Delta x}{2}}$$

Nach § 9,₁ ist $\lim \frac{\sin z}{z}\Big|_{z=0} = 1 = \lim \frac{\sin\frac{\Delta x}{2}}{\frac{\Delta x}{2}}$,

daher erhält man

$$\frac{dy}{dx} = \frac{d \sin x}{dx} = \cos x. \qquad (5)$$

β) Ist $y = \cos x$, so folgt

$$\frac{\Delta y}{\Delta x} = \frac{\cos(x+\Delta x) - \cos x}{\Delta x} = -\frac{\sin\left(x+\frac{\Delta x}{2}\right)\sin\frac{\Delta x}{2}}{\frac{\Delta x}{2}}$$

und ähnlich wie in α beim Uebergang zur Grenze

$$\frac{dy}{dx} = \frac{d \cos x}{dx} = -\sin x. \qquad (6)$$

γ) Aus $y = \operatorname{tg} x$ folgt:

$$\frac{\Delta y}{\Delta x} = \frac{\operatorname{tg}(x+\Delta x) - \operatorname{tg} x}{\Delta x} = \frac{\operatorname{tg}\Delta x}{\Delta x}\,[1 + \operatorname{tg} x \operatorname{tg}(x+\Delta x)].$$

Da nach § 9 $\lim \frac{\operatorname{tg}\Delta x}{\Delta x}\Big|_{\Delta x = 0} = 1$ ist, so erhält man

$$\frac{dy}{dx} = \frac{d\operatorname{tg} x}{dx} = 1 + \operatorname{tg}^2 x = \frac{1}{\cos^2 x}. \tag{7}$$

δ) Ebenso ergiebt sich für $y = \cot x$

$$\frac{\Delta y}{\Delta x} = \frac{\cot(x+\Delta x) - \cot x}{\Delta x} = -\frac{\operatorname{tg}\Delta x}{\Delta x}\,[1 + \cot x \cot(x+\Delta x)].$$

oder da $\lim \frac{\operatorname{tg}\Delta x}{\Delta x} = 1$ ist

$$\frac{dy}{dx} = \frac{d\cot x}{dx} = -\frac{1}{\sin^2 x}. \tag{8}$$

Satz. Die Ableitungen der trigonometrischen Funktionen sind:

$$\frac{d\sin x}{dx} = \cos x, \quad \frac{d\cos x}{dx} = -\sin x$$

$$\frac{d\operatorname{tg} x}{dx} = \frac{1}{\cos^2 x}, \quad \frac{d\cot x}{dx} = -\frac{1}{\sin^2 x}.$$

d. Die cyklometrischen Funktionen werden differentiiert, indem man sie umkehrt. Geht aus $y = f(x)$ die Gleichung $x = \varphi(y)$ hervor, so folgt

$$\frac{dx}{dy} = \varphi'(y) \text{ und } \frac{dy}{dx} = \frac{1}{\varphi'(y)} = \frac{1}{\varphi'(f)}.$$

α) Ist $y = \arcsin x$, so erhält man hieraus durch Umkehrung $x = \sin y$ und durch Differentiation

$$dx = \cos y\, dy = \sqrt{1 - \sin^2 y}\, dy = \sqrt{1 - x^2}\, dy$$

$$\frac{dy}{dx} = \frac{d\arcsin x}{dx} = \frac{1}{\sqrt{1-x^2}}. \tag{9}$$

β) Ist $y = \operatorname{arc\,cos} x$, so findet man in derselben Weise

$$\frac{dy}{dx} = \frac{d \operatorname{arc\,cos} x}{dx} = -\frac{1}{\sqrt{1-x^2}} \tag{10}$$

und ebenso für

γ) $y = \operatorname{arc\,tg} x$

$$\frac{dy}{dx} = \frac{d \operatorname{arc\,tg} x}{dx} = \frac{1}{1+x^2} \text{ und} \tag{11}$$

δ) für $y = \operatorname{arc\,cot} x$

$$\frac{dy}{dx} = \frac{d \operatorname{arc\,cot} x}{dx} = -\frac{1}{1+x^2} \tag{12}$$

Satz. Die Ableitungen der cyklometrischen Funktionen sind

$$\frac{d \operatorname{arc\,sin} x}{dx} = \frac{1}{\sqrt{1-x^2}}, \quad \frac{d \operatorname{arc\,cos} x}{dx} = -\frac{1}{\sqrt{1-x^2}}$$

$$\frac{d \operatorname{arc\,tg} x}{dx} = \frac{1}{1+x^2}, \quad \frac{d \operatorname{arc\,cot} x}{dx} = -\frac{1}{1+x^2}.$$

§ 17. Ableitung zusammengesetzter Funktionen der Elementarfunktionen.

a. Ist $y = Au + Bv + Cw + \ldots$ gegeben, wo $A, B, C, \ldots$ Konstante und $u, v, w, \ldots$ Funktionen von x sein sollen, so ist

$$\frac{\Delta y}{\Delta x} = A\frac{\Delta u}{\Delta x} + B\frac{\Delta v}{\Delta x} + C\frac{\Delta w}{\Delta x} + \ldots$$

und somit

$$\frac{dy}{dx} = A\frac{du}{dx} + B\frac{dv}{dx} + C\frac{dw}{dx} + \ldots \tag{1}$$

Setzt man hierin $v = w = \ldots = 0$, so erhält man als Ableitung von $y = Au$

$$\frac{dy}{dx} = \frac{d\,A\,u}{dx} = A\,\frac{du}{dx},$$ womit

der Satz bewiesen ist:

Satz: Konstante Faktoren dürfen bei der Differentiation vorgesetzt werden.

b. Differentiation eines Produkts.

Aus $y = u\,v$ folgt

$$\frac{\Delta y}{\Delta x} = u\,\frac{\Delta v}{\Delta x} + v\,\frac{\Delta u}{\Delta x} + \frac{\Delta u \Delta v}{\Delta x}.$$

Nach der Lehre vom Unendlichkleinen darf das letzte Glied rechts als ein unendlich Kleines höherer Ordnung als Δx vernachlässigt werden, daher erhalten wir als Ableitung des Produkts

$$\frac{dy}{dx} = \frac{d\,u\,v}{dx} = u\,\frac{dv}{dx} + v\,\frac{du}{dx}. \qquad (2)$$

Satz. Das Produkt zweier Funktionen wird differentiiert, indem man jede Funktion mit der Ableitung der andern multipliziert und die erhaltenen Produkte addiert.

Beispiele:

1. $y = a^x\,b^x$

$$\frac{dy}{dx} = a^x\,b^x\,l\,b + b^x\,a^x\,l\,a = a^x\,b^x\,(l\,a + l\,b)$$

$$= a^x\,b^x\,l\,(a\,b) = \frac{d\,(a\,b)^x}{dx}.$$

2. $y = \sin x \cos x$

$$\frac{dy}{dx} = -\sin x \sin x + \cos x \cos x = \cos^2 x - \sin^2 x$$

$$= \cos 2\,x.$$

c. Die Ableitung eines Produkts von mehreren Faktoren $\qquad y = u\,v\,w\,\ldots$

wird in derselben Weise erhalten. Es ist

$$\frac{dy}{dx} = v.w\ldots\frac{du}{dx} + uw\ldots\frac{dv}{dx} + uv\ldots\frac{dw}{dx} + \ldots \quad (3)$$

Satz. Die Ableitung eines Produkts von n Faktoren ist gleich der Summe der n einzelnen Produkte, die man erhält, indem man in u v w ... immer nur einen Faktor ableitet und die übrigen unverändert lässt.

Beispiel:

Aus $y = (x+a)(x+b)(x+c)$
folgt

$$\frac{dy}{dx} = (x+b)(x+c) + (x+c)(x+a) + (x+a)(x+b)$$
$$= 3x^2 + 2x(a+b+c) + (bc+ca+ab)$$
$$= \frac{d}{dx}\left\{x^3 + x^2(a+b+c) + x(bc+ca+ab) + abc\right\}$$

d. Differentiation eines Quotienten $y = \frac{u}{v} = uv^{-1}$. Man erhält als Differenzenquotienten

$$\frac{\triangle y}{\triangle x} = \frac{v\frac{\triangle u}{\triangle x} - u\frac{\triangle v}{\triangle x}}{v(v+\triangle v)}$$

und beim Uebergang zur Grenze als Differentialquotient.

$$\frac{dy}{dx} = \frac{1}{v^2}\left\{v\frac{du}{dx} - u\frac{dv}{dx}\right\} \quad (4)$$

Beispiele:

1. $\frac{d\,\mathrm{tg}\,x}{dx} = \frac{d\frac{\sin x}{\cos x}}{dx} = \frac{1}{\cos^2 x}(\cos x\cos x + \sin x \sin x) = \frac{1}{\cos^2 x}$

2. $\frac{d\cot x}{dx} = \frac{d\frac{\cos x}{\sin x}}{dx} = \frac{1}{\sin^2 x}(-\sin x\sin x - \cos x\cos x)$
$= -\frac{1}{\sin^2 x}$

3. $$y=\frac{a+x}{a-x},\ \frac{dy}{dx}=\frac{1}{(a-x)^2}\left\{a-x-(a+x)(-1)\right\}$$
$$=\frac{2a}{(a-x)^2}$$

4. $$y=\frac{\sqrt{x+1}}{\sqrt{x-1}},\ y'=\frac{1}{x-1}\left\{\frac{\sqrt{x-1}}{2\sqrt{x+1}}-\frac{\sqrt{x+1}}{2\sqrt{x-1}}\right\}$$
$$=-\frac{1}{(x-1)\sqrt{x^2-1}}$$

§ 18. Ableitung der Funktionen von Funktionen.

Erklärung. Ist $z=f(y)$ eine Funktion von y und $y=\varphi(x)$ eine Funktion von x, so heisst z eine Funktion von einer Funktion.

Lässt man z um Δz, y um Δy und x um Δx wachsen, so ist

$$\frac{\Delta z}{\Delta x}=\frac{f(y+\Delta y)-f(y)}{\Delta x}=\frac{f(y+\Delta y)-f(y)}{\Delta y}\cdot\frac{\Delta y}{\Delta x} \text{ oder}$$

$$\frac{\Delta z}{\Delta x}=\frac{\Delta z}{\Delta y}\cdot\frac{\Delta y}{\Delta x} \tag{1}$$

und somit beim Uebergang zur Grenze

$$\frac{dz}{dx}=\frac{dz}{dy}\cdot\frac{dy}{dx}=\frac{df}{dy}\cdot\frac{d\varphi}{dx}. \tag{2}$$

Satz. Ist $z=f(y)$ und $y=\varphi(x)$, so ist der Differentialquotient $\frac{dz}{dx}$ gleich dem Differentialquotienten $\frac{dz}{dy}$ multipliziert mit dem Differentialquotienten $\frac{dy}{dx}$.

Beispiele.

1. Ist $z=l\sin x$, so setze man $z=l\,y$ und $y=\sin x$,

dann folgt $\frac{dz}{dy} = \frac{1}{y}$, $\frac{dy}{dx} = \cos x$, somit $\frac{dz}{dx} = \frac{1}{y} \cos x$
$= \cot x$.

2. Es sei $z = e^{mx+n}$, so folgt für

$$z = e^y,\ y = mx + n$$

$$\frac{dz}{dx} = e^y m = m e^{mx+n}.$$

3. Ist $z = \operatorname{tg} ax$, so setze man

$z = \operatorname{tg} y$, $y = ax$, dann ist

$$\frac{dz}{dx} = \frac{1}{\cos^2 y} \cdot a = \frac{a}{\cos^2(ax)}.$$

4. Für $z = (lx)^n$ setze man

$z = y^n$, $y = lx$, dann ist

$$\frac{dz}{dx} = n y^{n-1} \frac{1}{x} = \frac{n}{x} (lx)^{n-1}.$$

5. In $z = (a + bx)^n$, setze man

$z = y^n$, $y = a + bx$, so ist

$$\frac{dz}{dx} = n y^{n-1} b = n b (a + bx)^{n-1}.$$

6. In $z = \sin x^m$, setze man

$z = y^m$, $y = \sin x$, dann ist

$$\frac{dz}{dx} = m y^{m-1} \cos x = m \sin x^{m-1} \cos x.$$

7. Ist $z = \arcsin ax$, so setze man

$z = \arcsin y$, $y = ax$, dann ist

$$\frac{dz}{dx} = \frac{1}{\sqrt{1 - y^2}} \cdot a = \frac{a}{\sqrt{1 - a^2 x^2}}.$$

8. $z = \frac{1}{b} l(a + bx)$, $\frac{dz}{dx} = \frac{1}{a + bx}$.

9. $z = \frac{1}{\alpha\beta} \operatorname{arc\,tg} \frac{\beta x}{\alpha}$, $\frac{dz}{dx} = \frac{1}{\alpha^2 + \beta^2 x}$.

§ 19. Funktionen von der Form $x = \varphi(t)$, $y = \psi(t)$.

Sind x und y Funktionen einer dritten Veränderlichen t (Parameter), so könnte man hieraus durch Elimination von t eine Gleichung $y = f(x)$ finden und mit Hilfe derselben $\frac{dy}{dx} = f'(x)$ ermitteln.

Dazu ist jedoch die Elimination von t nicht nötig; es ist im Gegenteil in vielen Fällen zweckmässiger, dieselbe zu unterlassen und den Differentialquotienten $\frac{dy}{dx}$ ebenfalls in Funktion von t anzugeben. Man erhält als Differenzenquotienten

$$\frac{\Delta y}{\Delta x} = \frac{\Delta y}{\Delta t} : \frac{\Delta x}{\Delta t}, \tag{1}$$

woraus sich beim Uebergang zur Grenze für $\Delta x = \Delta y = \Delta t = 0$ der Differentialquotient ergiebt:

$$\frac{dy}{dx} = \frac{dy}{dt} : \frac{dx}{dt} = \frac{\psi'(t)}{\varphi'(t)}. \tag{2}$$

Beispiele.

1. $x = a(1 - t)$, $y = at$

$$\frac{dx}{dt} = -a, \quad \frac{dy}{dx} = a, \quad \frac{dy}{dx} = -1.$$

2. Die Gleichungen $x = a\cos t$, $y = b\sin t$ geben

$$\frac{x^2}{a^2} + \frac{y^2}{b^2} = 1, \text{ woraus folgt}$$

$$y = \pm \frac{b}{a} \sqrt{a^2 - x^2}$$

$$y' = \mp \frac{b}{a} \frac{x}{\sqrt{a^2 - x^2}}$$

Kürzer erhält man nach der obigen Regel (2)

$$y' = \frac{b \cos t}{-a \sin t} = -\frac{b}{a} \cot t = -\frac{b^2}{a^2} \cdot \frac{x}{y} = \frac{b}{a} \frac{x}{\sqrt{a^2 - x^2}}.$$

§ 20. Ableitung zusammengesetzter Funktionen von x. Partielle Ableitungen.

Ist $y = f(u, v)$ gegeben, wo u und v Funktionen von x sein sollen, so ist, wenn $u + \triangle u = c$ gesetzt wird,

$$\frac{\triangle y}{\triangle x} = \frac{f(c, v + \triangle v) - f(c, v)}{\triangle v} \frac{\triangle v}{\triangle x} + \frac{f(u + \triangle u, v) - f(u, v)}{\triangle u} \cdot \frac{\triangle u}{\triangle x}, \quad (1)$$

ein Ausdruck, den man leicht erhält, indem man $\frac{f(u + \triangle u, v)}{\triangle x}$ rechts addiert und subtrahiert.

Denkt man sich im ersten Ausdruck rechts u konstant, so stellt derselbe beim Uebergang zur Grenze nichts anderes als die Ableitung der Funktion f (u, v) nach v dar. Ebenso stellt der zweite Ausdruck rechts die Ableitung von f (u, v) nach u dar, wenn darin v als konstant betrachtet wird. Wir erhalten somit

Erklärung und Satz. Die Ableitungen der Funktion f einerseits nach u, andererseits nach v, wenn das einemal v, das andermal u als unveränderlich angesehen wird, heissen die partiellen Ableitungen von f nach u, bezw. v und werden allgemein mit

$$\frac{\partial f}{\partial u}, \text{ bezw. } \frac{\partial f}{d v}$$

bezeichnet. Die Ableitung der Funktion (1) geht somit über in

$$\frac{dy}{dx}=\frac{\partial f}{\partial u}\frac{du}{dx}+\frac{\partial f}{d v}\frac{dv}{dx}. \qquad (2)$$

Zusatz. Sind u, v, w, ... Funktionen von x, so ist die Ableitung von $y = f(u, v, w, \ldots)$ angegeben durch

$$\frac{dy}{dx}=\frac{\partial f}{\partial u}\frac{du}{dx}+\frac{\partial f}{\partial v}\frac{dv}{dx}+\frac{\partial f}{\partial w}\frac{dw}{dx}+\ldots \qquad (3)$$

Beispiele.

1. Aus $y = f(u, v) = A\,u + B\,v$ folgt

$$\frac{\partial f}{\partial u}=A,\ \frac{\partial f}{\partial v}=B \text{ und}$$

$$\frac{dy}{dx}=A\frac{du}{dx}+B\frac{dv}{dx}.$$

2. Ist $y = f = u\,v$, so folgt:

$$\frac{\partial f}{\partial u}=v,\ \frac{\partial f}{\partial v}=u \text{ und}$$

$$\frac{dy}{dx}=v\frac{du}{dx}+u\frac{dv}{dx}.$$

3. Für $y = f(u\,v) = \frac{u}{v}$ erhält man

$$\frac{\partial f}{\partial u}=v^{-1},\ \frac{\partial f}{\partial v}=-\frac{u}{v^2}, \text{ daher}$$

$$\frac{dy}{dx}=v^{-1}\frac{du}{dx}-\frac{u}{v^2}\frac{dv}{dx}=\frac{1}{v^2}\left(v\frac{du}{dx}-u\frac{dv}{dx}\right).$$

4. Aus $y = u^v$ folgt

$$\frac{\partial f}{\partial u}=v\,u^{v-1},\ \frac{\partial f}{\partial v}=u^v\,l\,u, \text{ somit}$$

$$\frac{dy}{dx}=v\,u^{v-1}\frac{du}{dx}+u^v\,l\,u\,\frac{dv}{dx}.$$

§ 21. Ableitung implizit gegebener Funktionen.

Satz. Sind in der Gleichung $f(xy)=0$ die Veränderlichen x und y unentwickelt miteinander verbunden, so berechnet sich die Ableitung $\frac{dy}{dx}=y'$ aus der Formel

$$\frac{\partial f}{\partial x}+\frac{\partial f}{\partial y}y'=0. \tag{1}$$

Es ist
$$\frac{dy}{dx}=-\frac{\frac{\partial f}{\partial x}}{\frac{\partial f}{\partial y}}. \tag{2}$$

Um dies zu beweisen, nehme man an, z sei eine Funktion der Veränderlichen u, v, $z=f(u,v)$, dann ist nach dem vorigen §

$$\frac{dz}{dx}=\frac{\partial f}{\partial u}\frac{du}{dx}+\frac{\partial f}{\partial v}\frac{dv}{dx}.$$

Setzt man hierin $z=0$, $u=x$, $v=y$, so folgt

$0=\frac{\partial f}{\partial x}\frac{dx}{dx}+\frac{\partial f}{\partial y}\frac{dy}{dx}$ und hieraus weil $\frac{dx}{dx}=1$ ist,

$$\frac{\partial f}{\partial x}+\frac{\partial f}{\partial y}\frac{dy}{dx}=0,$$

womit der Satz bewiesen ist.

In vielen Fällen ist es zweckmässig nach der Gleichung (1) zu rechnen und dieselbe nachträglich nach y′ aufzulösen, um die gesuchte Ableitung zu erhalten.

Beispiele.

1. Aus $f=\frac{x^2}{a^2}+\frac{y^2}{b^2}-1=0$ folgt

$$\frac{\partial f}{\partial x} = \frac{2x}{a^2}, \quad \frac{\partial f}{\partial y} = \frac{2y}{b^2} \text{ daher ist}$$

$$y' = -\frac{b^2 x}{a^2 y}.$$

Verfährt man nach Formel (1), so folgt

$$\frac{2x}{a^2} + \frac{2y}{b^2} y' = 0, \text{ woraus sich ebenfalls}$$

dasselbe Resultat ergiebt.

2. Ist $f = a x^{\frac{2}{3}} + b y^{\frac{2}{3}} - 1 = 0$, so folgt:

$$\frac{\partial f}{\partial x} = \frac{2}{3} a x^{-\frac{1}{3}}, \quad \frac{\partial f}{\partial y} = \frac{2}{3} b y^{-\frac{1}{3}}, \text{ somit}$$

$$y' = -\frac{a}{b}\left(\frac{y}{x}\right)^{\frac{1}{3}}.$$

3. $f = \sin x - x \cos y$

$$\frac{\partial f}{\partial x} = \cos x - \cos y, \quad \frac{\partial f}{\partial y} = x \sin y$$

$$y' = -\frac{\cos x - \cos y}{x \sin y}$$

§ 22. Die logarithmische Differentiation.

Anstatt aus $y = f(x)$ die Ableitung $\frac{dy}{dx}$ direkt zu bilden, ist es häufig zweckmässig, zunächst beiderseits den natürlichen Logarithmus zu nehmen und diesen zu differentiieren. Diese Operation heisst die „logarithmische Differentiation“. Sie wird insbesondere dann mit Vorteil angewendet, wenn

$$f(x) = u v w \ldots$$

ein Produkt von mehreren Faktoren darstellt.

Ist also $y = u v w \ldots$, wo $u, v, w, \ldots$ Funktionen von x sind, so erhält man

$$l y = l u + l v + l w + \ldots$$

und hieraus durch Differentiation:

$$\frac{1}{y}\frac{dy}{dx} = \frac{1}{u}\frac{du}{dx} + \frac{1}{v}\frac{dv}{dx} + \frac{1}{w}\frac{dw}{dx} + \ldots$$

Beispiel.

Ist $y = x\sqrt{\frac{a-x}{a+x}} = x(a-x)^{\frac{1}{2}}(a+x)^{-\frac{1}{2}}$, so folgt

$$l y = l x + \frac{1}{2} l(a-x) - \frac{1}{2} l(a+x)$$

und hieraus durch Ableitung nach x:

$$\frac{y'}{y} = \frac{1}{x} - \frac{1}{2(a-x)} - \frac{1}{2(a+x)} = \frac{a^2 - ax - x^2}{x(a^2 - x^2)}$$

$$y' = \frac{a^2 - ax - x^2}{(a+x)(a^2 - x)^{\frac{1}{2}}}.$$

§ 23. Funktionen zweier oder mehrerer unabhängigen Veränderlichen. Totales Differential.

Erklärung. Sind x und y zwei voneinander unabhängige Veränderliche, die mit einer neuen Veränderlichen z durch die Gleichung verbunden sind,

$$z = f(x y),$$

so heisst z eine Funktion der unabhängigen Veränderlichen x und y.

Versteht man unter x y z die Koordinaten eines Punktes im Raum bezogen auf ein rechtwinkliges Koordinatensystem, so stellt $z = f(x y)$ die Gleichung einer räumlichen Fläche dar.

Lässt man in $z = f(xy)$ die Veränderlichen x und y um $\triangle x$ und $\triangle y$ und z um $\triangle z$ zunehmen, so folgt

$$\triangle z = f(x + \triangle x, y + \triangle y) - f(xy)$$

oder wenn wir zur Abkürzung $y + \triangle y = c$ setzen,

$$\triangle z = \frac{f(x + \triangle x, c) - f(x, c)}{\triangle x} \triangle x + \frac{f(x, y + \triangle y) - f xy)}{\triangle y} \triangle y.$$

Beim Uebergang zur Grenze gehen die Quotienten rechts offenbar in die partiellen Ableitungen der Funktion f nach x, bezw. y über; wir erhalten also

$$dz = \frac{\partial f}{\partial x} dx + \frac{\partial f}{\partial y} dy.$$

Man nennt alsdann dz das **totale Differential** der Funktion z.

Erklärung: Das totale Differential der Funktion $z = f(xy)$ heisst die Summe

$$dz = \frac{\partial f}{dx} dx + \frac{\partial f}{\partial y} dy$$

der partiellen Ableitungen in Bezug auf die unabhängigen Veränderlichen x und y.

Ist $$z = f(x_1 x_2 \ldots x_n)$$

eine Funktion der n unabhängigen Veränderlichen $x_1 x_2 x_3 \ldots x_n$, so wird die Summe

$$dz = \frac{\partial f}{\partial x_1} dx_1 + \frac{\partial f}{\partial x_2} dx_2 + \ldots + \frac{\partial f}{\partial x_n} dx_n$$

ebenfalls als totales Differential von f bezeichnet.

Sind hierin $x_1 = \psi_1(x)$, $x_2 = \psi_2(x)$, ..., $x_n = \psi_n(x)$ Funktionen einer Veränderlichen x, so ist auch $z = f(x_1 x_2 \ldots x_n)$ eine Funktion von x, deren Ableitung sich nach der Formel berechnet:

$$\frac{dz}{dx} = \frac{\partial f}{\partial x_1} \frac{dx_1}{dx} + \frac{\partial f}{\partial x_2} \frac{dx_2}{dx} + \ldots + \frac{\partial f}{\partial x_n} \frac{dx_n}{dx}.$$

III. Abschnitt.

Ableitungen und Differentiale höherer Ordnung.

§ 24. Höhere Ableitungen explizit gegebener Funktionen.

Die aus $y = f(x)$ hervorgehende Ableitung

$$\frac{dy}{dx} = y' = f'(x)$$

ist im allgemeinen wieder eine Funktion von x und kann deshalb ebenfalls nach x abgeleitet werden, d. h. man kann bilden

$$\frac{dy'}{dx} = \frac{df'(x)}{dx}.$$

Man schreibt hiefür

$$\frac{d^2y}{dx^2} = y'' = f''(x), \text{ ebenso}$$

$$\frac{dy''}{dx} = \frac{df''(x)}{dx} = \frac{d^3y}{dx^3} = y''' = f'''(x) \text{ etc.}$$

Erklärung. Man nennt

$$y' = f'(x),\ y'' = f''(x), \ldots, y^{(n)} = f^{(n)}(x)$$

die erste, zweite, ..., n^{te} Ableitung der Funktion $f(x)$.

Beispiele:

1) Ist $y = x^k$, wo k eine positive ganze Zahl sein soll, so ist

$$y' = k x^{k-1},\ y'' = k(k-1)x^{k-2}, \ldots,$$
$$y^{(i)} = k(k-1)\ldots(k-i+1)x^{k-i}, \ldots$$
$$y^{(k)} = \frac{d^k(x^k)}{dx^k} = k(k-1)(k-2)\ldots 3.2.1 = k!$$

Satz. Für die Potenz x^k verschwinden alle höheren Ableitungen nach der k^{ten}, vorausgesetzt, dass k eine ganze positive

Zahl ist. — Ist k keine ganze Zahl oder negativ, so wird auch keine Ableitung konstant oder gleich Null.

Hieraus folgt der weitere

Satz. Die n^{te} Ableitung einer ganzen rationalen Funktion n^{ten} Grads

$$y = a_0 + a_1 x + a_2 x^2 + \ldots + a_n x^n$$

ist konstant $y^{(n)} = n!\,a_n$. Alle höheren Ableitungen verschwinden.

2) Für $y = lx$ erhält man

$$y' = \frac{1}{x},\ y'' = -\frac{1}{x^2},\ y''' = \frac{2}{x^3},\ \ldots,$$

$$y^{(n)} = \frac{d^n lx}{dx^n} = \frac{d^{n-1}(x^{-1})}{dx^{n-1}} = (-1)^{n-1}(n-1)!\,x^{-n}.$$

3) Ist $y = a^x$, bezw. $y = e^x$,

so ergiebt sich nach § 16

$$y' = a^x\,l\,a,\ y'' = a^x(l\,a)^2,\ \ldots,$$

bezw. $y' = e^x = y'' = y''' = \ldots,$

somit ist allgemein

Satz:
$$\frac{d^n a^x}{dx^n} = a^x(l\,a)^n$$
$$\frac{d^n e^x}{dx^n} = e^x.$$

Satz. Sämtliche Ableitungen der Funktion e^x sind einander gleich und gleich der ursprünglichen Funktion.

4) Aus $y = \sin x$ folgt

$$y' = \cos x,\ y'' = -\sin x,\ y''' = -\cos x,\ y^{(IV)} = \sin x, \ldots$$

Hieraus fliesst der

Satz. Die Ableitungen der trigonometrischen Funktionen sin x und cos x wiederholen sich, sie sind periodisch.

Allgemein erhält man

$$\frac{d^n \sin x}{dx^n} = \sin\left(x + n\frac{\pi}{2}\right)$$

$$\frac{d^n \cos x}{dx^n} = \cos\left(x + n\frac{\pi}{2}\right).$$

§ 25. Höhere Ableitungen zusammengesetzter Funktionen der Elementarfunktionen.

1. Sind u und v Funktionen von x, deren höhere Ableitungen unmittelbar entwickelt werden können, so folgt aus

$$\left.\begin{aligned} y &= Au + Bv \\ y' &= Au' + Bv' \\ y'' &= Au'' + Bv'' \\ &\;\vdots \\ y^{(n)} &= Au^{(n)} + Bv^{(n)} \end{aligned}\right\} \quad (1)$$

Nach dieser Regel ist z. B. einfach zu bilden die n^{te} Ableitung von

$$y = \frac{1}{1-x^2} = \frac{1}{2}\left\{\frac{1}{1-x} + \frac{1}{1+x}\right\}$$

$$y^{(n)} = \frac{1}{2} \cdot n!\left\{\frac{1}{(1-x)^{n+1}} + \frac{(-1)^n}{(1+x)^{n+1}}\right\}$$

2. Sind u und v Faktoren eines Produkts, so erhält man von $y = uv$ ausgehend

$$\begin{aligned} y' &= u'v + uv' \\ y'' &= u''v + 2u'v' + uv'' \\ y''' &= u'''v + 3u''v' + 3u'v'' + uv''' \end{aligned}$$

$$y^{(n)} = u^{(n)} v + \binom{n}{1} u^{(n-1)} v' + \binom{n}{2} u^{(n-2)} v'' + \ldots + u v^{(n)}, \quad (2)$$

wo $\binom{n}{1}, \binom{n}{2}, \binom{n}{3}, \ldots$ die Binomialkoeffizienten bedeuten und $\binom{n}{k} = \frac{n(n-1)\ldots(n-k+1)}{1.2\ldots k}$ ist.

Symbolisch lässt sich die n^{te} Ableitung des Produkts uv auch angeben durch

$$y^{(n)} = \sum_{k=0}^{k=n} \binom{n}{k} u^{(n-k)} v^{(k)}. \quad (3)$$

Man nennt die durch (2) oder (3) angegebene Regel den **Satz von Leibniz**.

§ 26. Höhere Differenzen- und Differentialquotienten.

Betrachtet man in dem Differenzenquotienten von $y = f(x)$

$$\frac{\Delta y}{\Delta x} = \frac{1}{\Delta x} \left\{ f(x + \Delta x) - f(x) \right\} = f_1(x)$$

Δx als eine konstante Grösse und bildet man von diesem wieder für die gleiche Aenderung Δx den Differenzenquotienten, so heisst derselbe **Differenzenquotient 2. Ordnung** oder kurz der **zweite Differenzenquotient** und hat die Form

$$\frac{1}{\Delta x} \left\{ f_1(x + \Delta x) - f_1(x) \right\} = \frac{1}{\Delta x^2} \left\{ f(x + 2\Delta x) - 2f(x + \Delta x) + f(x) \right\} = f_2(x).$$

Ebenso kann man hieraus den Differenzenquotienten 3. Ordnung bilden:

$$\frac{1}{\Delta x^3} \left\{ f(x + 3\Delta x) - 3f(x + 2\Delta x) + 3f(x + \Delta x) - f(x) \right\} = f_3(x) \text{ u. s. w.}$$

Erklärung. Der Ausdruck

$$\frac{1}{\triangle x^n}\left\{f(x+n\triangle x)-\binom{n}{1}f(x+(n-1)\triangle x)\right.$$
$$\left.+\binom{n}{2}f(x+(n-2)\triangle x)-\ldots+(-1)^n f(x)\right\} \quad (1)$$

heisst der „n^{te} Differenzenquotient“. Der Zähler desselben wird als „Differenz n^{ter} Ordnung“ oder als „n^{te} Differenz“ bezeichnet und durch das Zeichen $\triangle^n y = \triangle^n f(x)$ festgesetzt.

Demnach kann man auch sagen:

Der n^{te} Differenzenquotient $f_n(x)$ der Funktion $f(x)$ stellt sich als Quotient der n^{ten} Differenz der Funktion und der n^{ten} Potenz von $\triangle x$ dar:

$$f_n(x)=\frac{\triangle^n y}{\triangle x^n}=\frac{\triangle^n f(x)}{\triangle x^n} \quad (2)$$

Nähert sich hiebei $\triangle x$ mehr und mehr dem Grenzwert 0, so schreibt man wie früher § 13 dx statt $\triangle x$ und nennt dx das Differential von x. Analog bezeichnet man $\triangle^n y$ mit $d^n y$ und nennt diese Grösse das n^{te} Differential der Funktion.

Erklärung. Der n^{te} Differentialquotient ist der Grenzwert, nach welchem der n^{te} Differenzenquotient für $\triangle x = 0$ konvergiert. Man schreibt hiefür

$$\lim_{\triangle x=0}\frac{\triangle^n y}{\triangle x^n}=\frac{d^n y}{dx^n},$$

wo dx als eine Konstante angesehen werden kann.

Mit den Hilfsmitteln, die wir in § 43 kennen lernen werden, lässt sich zeigen, dass der n^{te} Differenzenquotient (1) auch auf die Gestalt gebracht werden kann

$$\frac{\Delta^n y}{\Delta x^n} = f(x)^{(n)} + \alpha \Delta x f(x)^{(n+1)} + \beta \Delta x^2 f(x)^{(n+2)} + \ldots, \quad (3)$$

wo $f(x)^{(n)}$, $f(x)^{(n+1)}$, ... die n^{te}, $n+1^{te}$, ... Ableitung von f nach x bezeichnet und α, β, ... konstante und von n abhängige Zahlen sind.

Beim Uebergang zur Grenze ($\Delta x = 0$) verschwinden in dieser Form rechts sämtliche Glieder nach dem ersten, womit gezeigt ist, dass der n^{te} Differentialquotient der Funktion y gleich der n^{ten} Ableitung von f nach x ist. Somit gilt der

Satz. Der n^{te} Differentialquotient ist gleich der n^{ten} Ableitung von f(x):

$$\lim_{\Delta x = 0} \frac{\Delta^n y}{\Delta x^n} = \frac{d^n y}{dx^n} = f(x)^{(n)}.$$

§ 27. Partielle Ableitungen höherer Ordnung.

Erklärung. Ist f(xy) eine Funktion zweier Veränderlichen x und y, so heissen $\frac{\partial f}{\partial x}$, $\frac{\partial f}{\partial y}$ die partiellen Ableitungen erster Ordnung nach x, y von f. Diese sind selbst wieder Funktionen von x und y und können deshalb wieder partiell nach x und y abgeleitet werden. Man bezeichnet die Ableitungen

$$\frac{\partial \frac{\partial f}{\partial x}}{\partial x} = \frac{\partial^2 f}{\partial x^2}, \quad \frac{\partial \frac{\partial f}{\partial x}}{\partial y} = \frac{\partial^2 f}{\partial y \partial x}$$

$$\frac{\partial \frac{\partial f}{\partial x}}{\partial x} = \frac{\partial^2 f}{\partial x \partial y}, \quad \frac{\partial \frac{\partial f}{\partial y}}{\partial y} = \frac{\partial^2 f}{\partial y^2}$$

als partielle Ableitungen zweiter Ordnung. Entsprechend spricht man von partiellen Ableitungen dritter Ordnung, vierter Ordnung u. s. w.

Für die einfachen Funktionen gilt der

Satz. Wird eine Funktion f(xy) mehrfach nach den beiden Veränderlichen x und y partiell abgeleitet, so ist es gleichgültig, in welcher Reihenfolge dies geschieht.

Um zu beweisen, dass z. B.

$$\frac{\partial^2 f}{\partial x \partial y} = \frac{\partial^2 f}{\partial y \partial x} \text{ ist,}$$

setze man $z = f(xy)$ und bilde zunächst den ersten Differenzenquotienten unter der Annahme, dass y konstant ist, dann ist

$$\frac{\Delta z}{\Delta x} = \frac{1}{\Delta x}\left\{f(x+\Delta x, y) - f(xy)\right\} = f_1(x, y).$$

Sieht man nun hierin x und Δx als konstant an und lässt man y um Δy zunehmen, so folgt als zweiter Differenzenquotient

$$\frac{\Delta^2 z}{\Delta y\, \Delta x} = \frac{1}{\Delta y\, \Delta x}\left\{f(x+\Delta x, y+\Delta y) - f(x+\Delta x, y) - f(x, y+\Delta y) + f(xy)\right\}$$

der offenbar ungeändert bleibt, wenn man x mit y und gleichzeitig Δx mit Δy vertauscht; daher ist auch

$$\frac{\Delta^2 z}{\Delta y \Delta x} = \frac{\Delta^2 z}{\Delta x \Delta y}$$

und, wenn man zur Grenze übergeht auch

$$\frac{\partial^2 f}{\partial y \partial x} = \frac{\partial^2 f}{\partial x \partial y}, \text{ was zu beweisen war.}$$

Einen experimentellen Beweis hiefür liefert jedes spezielle Beispiel. Ist z. B.

$$f(xy) = ax^3y + bxy^2 + cxy,$$

so ist $\frac{\partial f}{\partial x} = 3ax^2y + by^2 + cy$, $\frac{\partial f}{\partial y} = ax^3 + 2bxy + cx$

somit

$$\frac{\partial^2 f}{\partial y \partial x} = 2ax^2 + 2by + c = \frac{\partial^2 f}{\partial x \partial y}.$$

§ 28. Höhere Ableitungen implizit gegebener Funktionen. Differentiation einer Gleichung.

Ist die unabhängige Veränderliche x mit der Veränderlichen y durch die Gleichung $f(xy) = 0$ verbunden, so ergiebt sich nach § 21 die Ableitung y' aus

$$\frac{\partial f}{\partial x} + \frac{\partial f}{\partial y} y' = 0, \qquad (1)$$

wo $\frac{\partial f}{\partial x}$, $\frac{\partial f}{\partial y}$ ebenfalls implizite Funktionen von x und y sind, während y' als Funktion von x allein zu denken ist. Setzt man daher die linke Seite der Gleichung (1) gleich $f_1(xy)$, so ist ebenso

$$\frac{\partial f_1}{\partial x} + \frac{\partial f_1}{\partial y} y' = 0. \qquad (2)'$$

Nun ist unter der Voraussetzung, dass

$$\frac{\partial y'}{\partial x} = \frac{dy'}{dx} = \frac{d^2 y}{dx^2} = y'' \text{ und } \frac{\partial y'}{\partial y} = 0 \text{ ist,}$$

$$\frac{\partial f_1}{\partial x} = \frac{\partial^2 f}{\partial x^2} + \frac{\partial^2 f}{\partial x \partial y} y' + \frac{\partial f}{\partial y} y'' \text{ und}$$

$$\frac{\partial f_1}{\partial y} = \frac{\partial^2 f}{\partial x \partial y} + \frac{\partial^2 f}{\partial y^2} y'.$$

Setzt man diese Ausdrücke in die Gleichung (2)' ein, so folgt:

$$\frac{\partial^2 f}{\partial x^2} + 2\frac{\partial^2 f}{\partial x \partial y} y' + \frac{\partial^2 f}{\partial y^2} y'^2 + \frac{\partial f}{\partial y} y'' = 0; \quad (2)$$

ebenso ergiebt sich:

$$\frac{\partial^3 f}{\partial x_3} + 3\frac{\partial^3 f}{\partial x^2 y} y' + 3\frac{\partial^3 f}{\partial x \partial y^2} y'^2 + \frac{\partial^3 f}{\partial y^3} y'^3 + 3\frac{\partial^2 f}{\partial x \partial y} y''$$

$$+ 3\frac{\partial^2 f}{\partial y^2} y' y'' + \frac{\partial f}{\partial y} y''' = 0 \quad (3)$$

u. s. w.

Erklärung. Man nennt die Gleichungen (1), (2), (3),... die einmal, zweimal, dreimal,... differentiierte Gleichung $f(x y) = 0$.

Indem man den Wert von y' aus (1) berechnet und in (2) substituiert, erhält man hieraus den Wert von y'' und durch Substitution von y' und y'' in (3) hieraus den Wert von y''' u. s. w.

Beispiel.

1. Aus $f = (x-a)^2 + (y-b)^2 - r^2 = 0$ folgt

$$(x-a) + (y-b) y' = 0$$

$$1 + y'^2 + (y-b) y'' = 0 \text{ und hieraus:}$$

$$y' = -\frac{x-a}{y-b}, \quad y'' = -\frac{r^2}{(y-b)^3}.$$

2. Ist $y^2 - 2px = 0$, so folgt

$$2yy' - 2p = 0 \text{ oder } yy' - p = 0$$

$$y'^2 + yy'' = 0. \text{ Somit ist}$$

$$y' = \frac{p}{y}, \quad y'' = -\frac{p^2}{y^3}.$$

3. Aus $f = (x^2+y^2)^2 - 4a(x^2-y^2) = 0$ folgt

$$\frac{\partial f}{\partial x} = 4x(x^2+y^2-2a), \quad \frac{\partial f}{\partial y} = 4y(x^2+y^2+2a)$$

$$\frac{\partial^2 f}{\partial x^2} = 12x^2 + 4y^2 - 8a, \quad \frac{\partial^2 f}{\partial x \partial y} = 8xy,$$

$$\frac{\partial^2 f}{\partial y^2} = 12y^2 + 4x^2 + 8a.$$

§ 29. Höhere totale Differentiale.

Erklärung. Betrachtet man in $z = f(xy)$ x und y zugleich als unabhängige Veränderliche, so ist nach § 23 das totale Differential dieser Funktion angegeben durch

$$dz = \frac{\partial f}{\partial x} dx + \frac{\partial f}{\partial y} dy. \tag{1}$$

Sieht man dasselbe als Funktion von x und y allein an, wo dx und dy als Konstante aufzufassen sind und berechnet das zu der Funktion dz gehörige totale Differential für dieselben Differentiale dx und dy, so erhält man das totale Differential zweiter Ordnung $d(dz) = d^2z$ und hieraus das totale Differential dritter Ordnung u. s. w.

Wendet man die Formel (1) auf sich selbst an, so folgt:

$$d^2z = \frac{\partial(dz)}{\partial x} dx + \frac{\partial(dz)}{\partial y} dy. \tag{2}$$

Da nun der Annahme gemäss die Differentiale dx und dy der unabhängigen Veränderlichen x und y als konstant zu denken sind, so ist

$$\frac{\partial(dz)}{\partial x} = \frac{\partial^2 f}{\partial x^2} dx + \frac{\partial^2 f}{\partial x \partial y} dy,$$

$$\frac{\partial(dz)}{\partial y} = \frac{\partial^2 f}{\partial y \partial x} dx + \frac{\partial^2 f}{\partial y^2} dy.$$

Indem wir diese Werte in die Gleichung (2) substituieren, erhalten wir

$$d^2 z = \frac{\partial^2 f}{\partial x^2} dx^2 + 2 \frac{\partial^2 f}{\partial x \partial y} dx\,dy + \frac{\partial^2 f}{\partial y^2} dy^2.$$

Auf dem gleichen Wege ergiebt sich

$$d^3 z = \frac{\partial^3 f}{\partial x^3} dx^3 + 3 \frac{\partial^3 f}{\partial x^2 \partial y} dx^2 dy$$
$$+ 3 \frac{\partial^3 f}{\partial x \partial y^2} dx\,dy^2 + \frac{\partial^3 f}{\partial y^3} dy^3 \text{ u. s. w.}$$

Es gilt somit der **Satz.**

Das zu dx und dy gehörige totale Differential der n^{ten} Ordnung ist

$$d^n z = \frac{\partial^n f}{\partial x^n} dx^n + \binom{n}{1} \frac{\partial^n f}{\partial x^{n-1} \partial y} dx^{n-1} dy$$
$$+ \binom{n}{2} \frac{\partial^n f}{\partial x^{n-2} \partial y^2} dx^{n-2} dy^2 + \ldots + \frac{\partial^n f}{\partial y^n} dy^n,$$

wo $\binom{n}{1}, \binom{n}{2}, \ldots$ die bekannten Binomialconffizienten sind.

Beispiel.

Aus $z = ax^2 + bxy + cy^2$ folgt

$$dz = (2ax + by)dx + (bx + 2cy)dy$$
$$d^2 z = 2a\,dx^2 + 2b\,dx\,dy + 2c\,dy^2$$
$$d^3 z = 0 \ldots$$

§ 30. Begriff der Differentialgleichung.

Ist in der Gleichung

$$f(xy, c) = 0 \tag{1}$$

eine willkürliche Konstante c enthalten, so erhält man hieraus durch Differentiation nach x

$$\frac{\partial f}{\partial x} + \frac{\partial f}{\partial y} y' = 0 \tag{2}$$

und wenn wir aus (1) und (2) die Konstante c eliminieren, so ergiebt sich eine Gleichung

$$\varphi(x\,y,\,y') = 0 \qquad (3)$$

zwischen den Veränderlichen x, y und der Ableitung y'.

Erklärung: Die durch Elimination von c aus (1) und (2) hervorgehende Gleichung (3), welche ganz unabhängig von c ist, heisst **Differentialgleichung der gegebenen oder ursprünglichen Gleichung** (1).

Denkt man sich in der Gleichung (1) der willkürlichen Konstanten c alle möglichen Werte $c_1\ c_2\ c_3 \ldots$ beigelegt, so entspricht im Sinne der Geometrie jedem

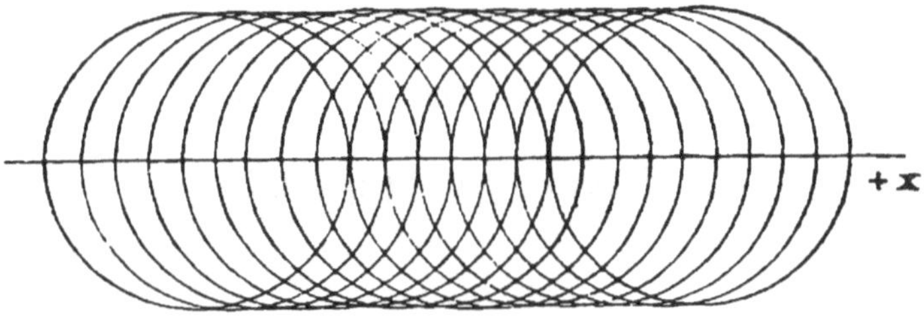

Fig. 25.

Wert c_k von c eine ebene Kurve f von der Gleichung $f(x\,y\,c_k) = 0$.

Die Gleichung (1) repräsentiert daher ein System von ebenen Kurven, welche eine gemeinschaftliche Eigenschaft der Tangente besitzen, die durch die Gleichung (3) ausgedrückt ist.

Beispiel.

Ist in der Kreisgleichung

$$(x - c)^2 + y^2 = r^2$$

c willkürlich, so ergiebt sich hieraus durch Differentiation nach x

$$(x - c) + y y' = 0 \text{ und}$$

durch Elimination von c aus beiden Gleichungen

$$y^2 (y'^2 + 1) - r^2 = 0,$$

welche als Differentialgleichung einer Schar von Kreisen vom Radius r anzusehen ist, deren Mittelpunkt auf der x-Axe liegt. Siehe Figur (25).

IV. Abschnitt.

Anwendung der Differentialrechnung zur Ermittlung der Grenzwerte unbestimmter Formen.

---

§ 31. Die unbestimmte Form $\frac{0}{0}$.

Werden die Funktionen f(x) und φ(x) für x = a gleichzeitig Null, so nimmt ihr Quotient den Wert an

$$F(x) = \left.\frac{f(x)}{\varphi(x)}\right|_{x=a} = \frac{f(a)}{\varphi(a)} = \frac{0}{0},$$

welcher bekanntlich vieldeutig ist.

Erklärung. Unter dem wahren Wert von F(x) für x = a versteht man den Grenzwert

$$\operatorname{Lim} F(x)_{x=a} = \lim \left.\frac{f(x)}{\varphi(x)}\right|_{x=a},$$

wobei vorausgesetzt ist, dass überhaupt ein solcher vorhanden ist. — Man erhält denselben durch folgende Ueberlegung. Der Voraussetzung gemäss ist f(a) = 0, φ(a) = 0 und daher auch

$$\lim_{x=a} \frac{f(x)}{\varphi(x)} = \lim \left.\frac{f(a + \Delta a)}{\varphi(a + \Delta a)}\right|_{\Delta a = 0}$$

$$= \lim \left. \frac{\frac{1}{\Delta a}\left\{f(a+\Delta a) - f(a)\right\}}{\frac{1}{\Delta a}\left\{\varphi(a+\Delta a) - \varphi(a)\right\}}\right|_{\Delta a = 0}.$$

Im letzten Ausdruck sind offenbar Zähler und Nenner nichts anderes als die Ableitungen von f (x) und φ (x) für x = a, daher ist der wahre Wert von F (a) angegeben durch

$$\lim_{x=a} \frac{f(x)}{\varphi(x)} = \frac{f'(a)}{\varphi'(a)} = \left.\frac{f'(x)}{\varphi'(x)}\right|_{x=a}.$$

Sind f′ (x) und φ' (x) für x = a ebenfalls beide Null, so ist ebenso

$$\frac{f'(a)}{\varphi'(a)} = \frac{0}{0} = \left.\frac{f''(x)}{\varphi''(x)}\right|_{x=a}.$$

Ist auch dieser Quotient unbestimmt, so giebt $\frac{f'''(a)}{\varphi'''(a)}$ den wahren Wert von F (a) an u. s. w. Es gilt deshalb allgemein der

Satz: Werden Zähler und Nenner f (x) und φ (x) samt ihren (n—1)ten Ableitungen für x = a gleichzeitig 0, während die nten Ableitungen $f^{(n)}(x)$ und $\varphi^{(n)}(x)$ für diesen Wert wenigstens nicht beide verschwinden, so ist der wahre Wert von F (x) angegeben durch

$$F(a) = \lim_{x=a} \frac{f(x)}{\varphi(x)} = \left.\frac{f^{(n)}(x)}{\varphi^{(n)}(x)}\right|_{x=a}.$$

Beispiele.

1. $$\left.\frac{\sin x}{x}\right|_{x=0} = \frac{0}{0} = \left.\frac{\cos x}{1}\right|_{x=0} = 1.$$

2. $$\left.\frac{\arcsin x}{x}\right|_{x=0} = \frac{0}{0} = \frac{1}{1} = 1.$$

3. $$\left.\frac{x^n - a^n}{x - a}\right|_{x=a} = \frac{0}{0} = \left.\frac{n x^{n-1}}{1}\right|_{x=a} = n a^{n-1}.$$

4. $$\left.\frac{a^x - 1}{x}\right|_{x=0} = \frac{0}{0} = \left.\frac{a^x \, l\, a}{1}\right|_{x=0} = l\, a.$$

5. $$\left.\frac{\sin m x}{\sin n x}\right|_{x=0} = \frac{0}{0} = \left.\frac{m \cos m x}{n \cos n x}\right|_{x=0} = \frac{m}{n}.$$

6. $$\left.\frac{e^x - e^{-x}}{x}\right|_{x=0} = \frac{0}{0} = \left.\frac{e^x + e^{-x}}{1}\right|_{x=0} = 2.$$

7. $$\left.\frac{1 - \cos x}{x^2}\right|_{x=0} = \frac{0}{0} = \left.\frac{\sin x}{2x}\right|_{x=0} = \frac{0}{0}$$
$$= \left.\frac{\cos x}{2}\right|_{x=0} = \frac{1}{2}.$$

8. $$\left.\frac{\operatorname{arc\,tg} n a - \operatorname{arc\,tg} n x}{a - x}\right|_{x=a} = \frac{0}{0} = \left.\frac{n}{1 + n^2 x^2}\right|_{x=a}$$
$$= \frac{n}{1 + n^2 a^2}.$$

§ 32. Die unbestimmte Form $\frac{\infty}{\infty}$.

Erklärung. Nimmt die Funktion

$$F(x) = \frac{f(x)}{\varphi(x)} \tag{1}$$

für $x = a$ die unbestimmte Form $\frac{\infty}{\infty}$ an, so versteht man auch hier unter dem wahren Wert derselben den Grenzwert, nach welchem sie für $x = a$ convergiert.

Setzt man

$$F(x) = \frac{f(x)}{\varphi(x)} = \frac{\dfrac{1}{\varphi(x)}}{\dfrac{1}{f(x)}} = \frac{f_1(x)}{\varphi_1(x)}, \tag{2}$$

so geht der neue Bruch für $x = a$ in die unbestimmte Form $\frac{0}{0}$ über und lässt sich daher nach § 31 behandeln.

Es ist

$$\frac{f_1'(x)}{\varphi_1'(x)} = \frac{-\frac{\varphi'}{\varphi^2}}{-\frac{f'}{f^2}} = \frac{\varphi'(x)}{f'(x)}\left(\frac{f^2(x)}{\varphi^2(x)}\right). \tag{3}$$

Nimmt nun die Funktion F (x) für $x = a$ den wahren Wert $A = \frac{f(a)}{\varphi(a)}$ an, so ist mit Hilfe von (2) und (3)

$$A = \frac{\varphi'(a)}{f'(a)} A^2 \text{ oder } A = \frac{f(a)}{\varphi(a)} = \frac{f'(a)}{\varphi'(a)}. \tag{4}$$

Die letzte Gleichung giebt zu erkennen, dass der wahre Wert von F (x) auf dieselbe Weise gefunden wird, wie der der betreffenden Funktionen in § 31.

Satz. Werden Zähler und Nenner f(x) und $\varphi(x)$ der Funktion $F(x) = \frac{f(x)}{\varphi(x)}$ samt ihren $(n-1)^{\text{ten}}$ Ableitungen für $x = a$ gleichzeitig unendlich gross, während es $f^{(n)}(a)$ und $\varphi^{(n)}(a)$ wenigstens nicht beide zugleich werden, so ist der wahre Wert von F (a) angegeben durch

$$F(a) = \frac{f(a)}{\varphi(a)} = \frac{f'(a)}{\varphi'(a)} = \ldots = \frac{f^{(n)}(a)}{\varphi^n(a)}.$$

Beispiele.

1. $$\left.\frac{l(x-a)}{l(e^x - e^a)}\right|_{x=a} = \frac{\infty}{\infty} = \frac{\frac{1}{x-a}}{\frac{e^x}{e^x - e^a}} = \left.\frac{e^x - e^a}{e^x(x-a)}\right|_{x=a} = \frac{0}{0}$$

$$= \left.\frac{e^x}{e^x(x-a) + e^x}\right|_{x=a} = 1.$$

2. $$\left.\frac{\mathrm{l}\,x}{\mathrm{a}\,\mathrm{l}\sin x}\right|_{x=0}=\frac{\infty}{\infty}=\frac{\frac{1}{x}}{\frac{a}{\sin x}}=\frac{\infty}{\infty}=\left.\frac{\sin x}{a\,x}\right|_{x=0}=\frac{0}{0}$$
$$=\left.\frac{\cos x}{a}\right|_{x=0}=\frac{1}{a}.$$

3. $$\left.\frac{\mathrm{l}\,x}{x^n}\right|_{x=\infty}=\frac{\infty}{\infty}=\frac{\frac{1}{x}}{n\,x^{n-1}}=\left.\frac{1}{n\,x^n}\right|_{x=\infty}=0.$$

4. $$\left.\frac{e^x}{x^n}\right|_{x=\infty}=\frac{\infty}{\infty}=\frac{e^x}{n\,x^{n-1}}=\frac{\infty}{\infty}=\frac{e^x}{n(n-1)\,x^{n-1}}$$
$$=\frac{\infty}{\infty}=\ldots=\frac{e^x}{n!}=\infty.$$

Satz. Das Unendlichwerden der Exponentialfunktion e^x ist unendlichmal stärker als das der Funktion x^n.

§ 33. Die unbestimmte Form $0 . \infty$.

Wird in dem Produkt $F(x)=f(x)\,\varphi(x)$ für $x=a$ der eine Faktor $f(a)=0$ und der andere $\varphi(a)=\infty$, so erscheint $F(a)$ in der Form
$$F(a)=0 . \infty.$$

In diesem Fall setze man
$$\varphi_1(x)=\frac{1}{\varphi(x)} \text{ oder } f_1(x)=\frac{1}{f(x)}, \text{ dann}$$
ergiebt sich für $x=a$ entweder die Gestalt
$$F(a)=\frac{0}{0} \text{ oder } =\frac{\infty}{\infty},$$
die nach § 31 oder § 32 zu behandeln ist.

Beispiel.

1. $$\left.\sin x\,\mathrm{l}\,x\right|_{x=0}=0 . \infty=\left.\frac{\sin x}{\frac{1}{\mathrm{l}\,x}}\right|_{x=0}=\frac{0}{0}=\,?$$

2. $$x^k \, l\, x \Big|_{x=0} = 0 \cdot \infty = \frac{l\, x}{x^{-k}} = \frac{\infty}{\infty} = \frac{\frac{1}{x}}{-k\, x^{-k-1}}$$
$$= \frac{x^k}{-k}\Big|_{x=0} = 0.$$

Satz. Das Unendlichwerden der logarithmischen Funktion $l\,x$ für $x = 0$ ist sehr schwach gegenüber dem der Potenz x^{-k}.

3. $$\arcsin a\,x \cot b\,x \Big|_{x=0} = 0 \cdot \infty = \frac{\arcsin a\,x}{\operatorname{tg} b\,x} = \frac{0}{0}$$
$$= \frac{\frac{a}{\sqrt{1 - a^2 x^2}}}{\frac{b}{\cos^2 b\,x}}\Bigg|_{x=0} = \frac{a}{b}.$$

§ 34. Die unbestimmte Form $\infty - \infty$.

Werden in der Funktion $F(x) = f(x) - \varphi(x)$ die Funktionen $f(x)$ und $\varphi(x)$ für $x = a$ beide ∞, so erscheint $F(x)$ in der unbestimmten Form $\infty - \infty$. In diesem Fall setze man

$$F(x) = \frac{1}{f_1(x)} - \frac{1}{\varphi_1(x)} = \frac{\varphi_1(x) - f_1(x)}{f_1(x)\,\varphi_1(x)} = \frac{\frac{1}{\varphi(x)} - \frac{1}{f(x)}}{\frac{1}{f(x)\,\varphi(x)}}$$

dann erscheint $F(x)$ für $x = a$ unter der Gestalt $\frac{0}{0}$, die nach § 31 zu behandeln ist.

Beispiel.

1) $$\frac{1}{\sin x} - \frac{1}{x}\Big|_{x=0} = \infty - \infty = \frac{x - \sin x}{x \sin x} = \frac{0}{0}$$
$$= \frac{1 - \cos x}{x \cos x + \sin x}\Big|_{x=0} = \frac{0}{0} = \frac{\sin x}{2\cos x - x \sin x} = \frac{0}{2} = 0.$$

$$2)\ \frac{1}{x}-\frac{1}{e^x-1}\Big|_{x=0}=\infty-\infty=\frac{e^x-1-x}{x\,e^x-x}=\frac{0}{0}$$

$$=\frac{e^x-1}{x\,e^x+e^x-1}=\frac{0}{0}=\frac{e^x}{x\,e^x+2\,e^x}\Big|_{x=0}=\frac{1}{2}.$$

§ 35. Die unbestimmten Formen 0_0, ∞^0, 1^∞.

Nimmt endlich die Funktion

$$F(x)=f^{\varphi(x)}(x)$$

für $x=a$ eine der unbestimmten Formen 0_0, ∞^0, 1^∞ an, so setze man

$$l\,f(x)=f_1(x),\ l\,F(x)=\psi(x)\ \text{und}\ F(x)=e^\psi,$$

dann erscheint die Funktion ψ in der Gestalt

$$\psi(x)=l\,F(x)=f_1(x)\,\varphi(x)$$

in allen drei Fällen in der Gestalt $0.\infty$ für $x=a$, so dass $\psi(x)$ und damit auch $F(x)$ nach der in § 33 gefundenen Regel ermittelt werden kann.

$$1)\ y=x^x\Big|_{x=0}=0_0,\ l\,y=x\,l\,x=0.\infty=\frac{l\,x}{\frac{1}{x}}=\frac{\infty}{\infty}$$

$$=\frac{\frac{1}{x}}{-\frac{1}{x^2}}=-x\Big|_{x}=\,_0=0,\ \text{somit}\ y=1.$$

$$2)\ y=x^{\frac{1}{x}}\Big|_{x=\infty}=1.$$

$$3)\ y=x^{\frac{1}{x-1}}\Big|_{x=1}=1^\infty,\ l\,y=\frac{l\,x}{x-1}=\frac{0}{0}$$

$$=\frac{\frac{1}{x}}{1}\Big|_{x=1}=1,\ y=e.$$

4) $y=(1+kx)^{\frac{1}{x}}\Big|_{x=0}=1^{\infty},\ ly=\frac{l(1+kx)}{x}=\frac{0}{0}$

$$=\frac{\frac{k}{1+kx}}{1}\Bigg|_{x=0}=k,\ \text{somit}\ y=e^k\ \text{oder}$$

$$y=(1+kx)^{\frac{1}{x}}=(1+kx)^{\frac{k}{kx}}=\left\{(1+kx)^{\frac{1}{kx}}\right\}$$

$$=\left\{(1+\delta)^{\frac{1}{\delta}}\right\}^k_{\delta=0}=e^k.$$

V. Abschnitt.

Konvergenz und Divergenz der Reihen.

§ 36. Erklärungen.

1. Erklärung. Eine Reihe

$$u_1+u_2+u_3+\dots$$

heisst konvergent, wenn es einen gewissen endlichen Wert giebt, dem die Summe der n ersten Glieder

$$S_n=u_1+u_2+\dots+u_n$$

bei wachsendem n immer mehr zustrebt.

Eine konvergente Reihe haben wir beispielsweise in der geometrischen Reihe

$$1+\frac{1}{2}+\frac{1}{4}+\frac{1}{8}+\dots$$

denn für dieselben ist

$$S_n=1+\frac{1}{2}+\frac{1}{2^2}+\dots+\frac{1}{2^n}=2-\left(\frac{1}{2}\right)^{n-1},$$

also
$$\lim_{n=\infty} S_n=2.$$

2. Erklärung. Eine Reihe oscilliert, wenn sich die Summe der n ersten Glieder verschiedenen Werten nähert. So ist beispielsweise

$$1 - 1 + 1 - 1 + \dots .$$

eine oscillierende Reihe.

3. Erklärung. Nimmt die Summe der n ersten Glieder einer Reihe bei wachsendem n immer grössere Werte an, so divergiert die Reihe. Ein Beispiel hiefür bietet die harmonische Reihe

$$1 + \frac{1}{2} + \frac{1}{3} + \frac{1}{4} + \dots$$

4. Die konvergenten Reihen zerfallen wieder in

a) unbedingt konvergierende und

b) bedingt konvergierende Reihen.

5. Erklärung. Unbedingt konvergierende Reihen sind solche, die bei jeder Anordnung der Glieder konvergieren. Ein Beispiel hiefür bietet die oben angeführte geometrische Reihe.

6. Erklärung. Eine Reihe heisst bedingt konvergent, wenn sie nur bei einer bestimmten Anordnung der Glieder konvergiert.

Hieher gehört z. B. die Reihe

$$1 - \frac{1}{2} + \frac{1}{3} - \frac{1}{4} + \frac{1}{5} - \frac{1}{6} + \dots$$

§ 37. Konvergenz der Reihen mit positiven Gliedern.

1. **Satz.** Es lässt sich zunächst zeigen, dass eine Reihe, deren Glieder mehr und mehr zunehmen, divergiert.

Es sei

$$S = u_1 + u_2 + \dots + u_n$$

die gegebene Reihe und

$u_n > u_{n-1} > u_{n-2} > \ldots > u_2 > u_1$, dann ist auch

$$u_2 > u_1,\ u_3 > u_1,\ \ldots\ u_n > u_1$$

somit auch

$$\sum_2^n u_2 + u_1 > (n-1)u_1 + u_1 \quad \text{oder}$$

$$S > n u_1 \Big|_{n=\infty} = \infty.$$

Als erste Hauptbedingung für die Konvergenz einer Reihe gilt daher der

Satz: Die Glieder jeder konvergenten Reihe müssen unbegrenzt abnehmen. Für eine solche muss stets die Bedingung erfüllt sein $\lim u_n \Big|_{n=\infty} = 0.$ (1)

Diese Bedingung ist wohl notwendig für die Konvergenz einer Reihe; allein sie ist nicht ausreichend, wie folgende Beispiele zeigen.

Für die harmonische Reihe

$$S = 1 + \frac{1}{2} + \frac{1}{3} + \frac{1}{4} + \ldots + \frac{1}{n},$$

sowie die folgende

$$S = \frac{1}{\sqrt[k]{1}} + \frac{1}{\sqrt[k]{2}} + \frac{1}{\sqrt[k]{3}} + \ldots + \frac{1}{\sqrt[k]{n}},$$

wo k eine ganze positive Zahl sein soll, ist die Bedingung (1) erfüllt. Die Reihen sind aber divergent, wie leicht gezeigt werden kann. Für die erste dieser Reihen hat man

$$1 + \frac{1}{2} > \frac{1}{2}$$

$$\frac{1}{3} + \frac{1}{4} > \frac{2}{4}$$

$$\frac{1}{5} + \frac{1}{6} + \frac{1}{7} + \frac{1}{8} > \frac{4}{8} \quad \text{oder}$$

$$\begin{array}{c}\cdots\\ \cdots\end{array}$$

$$S > \frac{1}{2} + \frac{2}{4} + \frac{4}{8} + \frac{8}{16} + \ldots > \infty.$$

Geht man bei der zweiten Reihe bis zum n^{ten} Glied, so ist offenbar die Summe derselben grösser als die Reihe, in welcher alle Glieder gleich $\frac{1}{\sqrt[k]{n}}$ gesetzt werden, daher ist

$$Sn > \frac{n}{\sqrt[k]{n}} > \sqrt[k]{n^{k-1}}\Big|_{n=\infty} = \infty.$$

2. **Satz.** Die geometrische Reihe

$$S = 1 + x + x^2 + \ldots + x^n = \frac{1}{1-x} - \frac{x^n}{1-x}$$

ist konvergent für $x < 1$ und divergent für $x \geqq 1$, denn für $x = 1$ erhält sie die Summe

$$S = 1 + 1 + 1 + \ldots = \infty,$$

sie divergiert also für $x = 1$ und umsomehr noch für $x > 1$.

3. **Satz.** Die Reihe

$$S = \frac{1}{1^k} + \frac{1}{2^k} + \frac{1}{3^k} + \ldots + \frac{1}{n^k}$$

konvergiert für $k > 1$ und
divergiert für $k \leqq 1$.

Um dies zu zeigen, kann man setzen:

$$u_0 = \frac{1}{1^k}, \quad u_1 = \frac{1}{2^k} + \frac{1}{3^k}, \quad u_2 = \frac{1}{4^k} + \frac{1}{5^k} + \frac{1}{6^k} + \frac{1}{7^k}, \ldots$$

$$u_m = \frac{1}{(2^m)^k} + \frac{1}{(2^m+1)^k} + \ldots + \frac{1}{(2^{m+1}-1)^k},$$

dann ist jedenfalls

$$u_1 < 2\,\frac{1}{2^k} \quad \text{oder} \quad < \frac{1}{2^{k-1}}$$

$$u_2 < 4\,\frac{1}{4^k} \quad \text{oder} \quad < \frac{1}{(2^{k-1})^2}$$

$$u_3 < 8\,\frac{1}{8^k} \quad \text{oder} \quad < \frac{1}{(2^{k-1})^3}$$

$$\cdots\cdots$$

$$u_m < 2^m\frac{1}{(2^m)^k} \quad \text{oder} \quad < \frac{1}{(2^{k-1})^m}$$

Die Summe der m ersten Glieder der vorgelegten Reihe ist somit kleiner als die Summe der Reihe, deren Glieder

$$1,\ \frac{1}{2^{k-1}},\ \frac{1}{(2^{k-1})^2},\ \frac{1}{(2^{k-1})^3},\ \ldots\ \frac{1}{(2^{k-1})^m}.$$

Diese ist aber nach 2 als geometrische Reihe konvergent, wenn $\frac{1}{2^{k-1}} < 1$ oder $2^{k-1} > 1$ oder $k > 1$ ist.

4. Um zu entscheiden, ob irgend eine gegebene Reihe konvergent ist, vergleicht man sie am einfachsten mit bekannten konvergenten Reihen.

Prinzip der Reihenvergleichung. Ist die Reihe

$$u_1 + u_2 + u_3 + \ldots$$

konvergent, so ist auch eine andere

$$v_1 + v_2 + v_3 + \ldots$$

ebenfalls konvergent, wenn die Glieder der letzteren kleiner sind und kleiner bleiben, als die der erstern, d. h. wenn

$$v_1 < u_1,\ v_2 < u_2,\ \ldots,\ v_n < u_n.$$

Auf dem Prinzip der Reihenvergleichung beruhen die folgenden Kriterien, die in den meisten Fällen zur Entscheidung über die Konvergenz oder Divergenz einer Reihe ausreichen.

§ 38. Konvergenzkriterien der Reihen mit positiven Gliedern.

1. Erstes Konvergenzkriterium.

Satz. Die Reihe

$$u_1 + u_2 + u_3 + \ldots + u_n$$

ist konvergent oder divergent, je nachdem

$$\operatorname{Lim} \frac{u_{n+1}}{u_n} < 1 \text{ oder } > 1 \text{ ist.}$$

Um dies zu beweisen, bringe man die gegebene Reihe auf die Form

$$u_1 + u_2 + u_3 + \ldots = u_1 \left(1 + \frac{u_2}{u_1} + \frac{u_3}{u_2} \cdot \frac{u_2}{u_1} + \ldots\right)$$

Da hierin u_1 jedenfalls endlich ist, so handelt es sich darum, zu zeigen, unter welchen Bedingungen der Ausdruck in der Klammer konvergiert. Durch Vergleichen mit der geometrischen Reihe findet man, dass derselbe konvergent ist, wenn

$$\frac{u_2}{u_1} < x, \ \frac{u_3}{u_2} < x, \ \ldots, \ \frac{u_{n+1}}{u_n} < x < 1$$

ist, d. h. wenn

$$\lim \frac{u_{n+1}}{u_n} < 1.$$

2. Zweites Konvergenzkriterium.

Satz. Die Reihe

$$u_1 + u_2 + u_3 + \ldots + u_n$$

ist konvergent oder divergent, je nachdem

$$\lim \sqrt[n]{u_n} \lessgtr 1 \text{ ist.}$$

Vergleicht man die Reihe wieder mit der geometrischen, so ist dieselbe konvergent, wenn

$$u_1 < x, \ u_2 < x^2, \ u_3 < x^3, \ \ldots, \ u_n < x^n \text{ oder}$$

$$\sqrt[n]{u_n} < x < 1.$$

3. Drittes Konvergenzkriterium.

Satz. Die Reihe

$$u_1 + u_2 + u_3 + \ldots + u_n$$

ist konvergent oder divergent, je nachdem

$$\lim n\left(1 - \frac{u^{n+1}}{u_n}\right) \gtrless 1 \text{ ist.}$$

Um dies zu beweisen, vergleiche man die Reihe

$$u_1 + u_2 + u_3 + \ldots$$

mit der Reihe $\frac{1}{1^k} + \frac{1}{2^k} + \frac{1}{3^k} + \ldots$,

welche nach § 37 für $k > 1$ konvergent ist, dann ist

$$\lim n\left(1 - \frac{u_{n+1}}{u_n}\right) = \lim n\left(1 - \frac{n^k}{(n+1)^k}\right)_{n=\infty}.$$

Um den Grenzwert des letzten Ausdrucks zu erhalten, setze man $n = \frac{1}{\delta}$, dann ist

$$\lim n\left(1 - \frac{n^k}{(n+1)^k}\right)_{n=\infty} = \lim \frac{1}{(\delta+1)^k}\left\{\frac{(1+\delta)^k - 1}{\delta}\right\}_{\delta=0}$$

$$= \lim \frac{1}{(1+\delta)^k}\left\{\binom{k}{1} + \binom{k}{2}\delta + \binom{k}{3}\delta^2 + \ldots\right\}_{\delta=0} = k,$$

somit ist Konvergenz oder Divergenz vorhanden, je nachdem $k \gtrless 1$ ist.

§ 39. Konvergenz der Reihen mit positiven und negativen Gliedern.

1. **Satz.** Enthält eine Reihe positive und negative Glieder in unendlicher Anzahl, von denen die ersteren mit $v_1, v_2, v_3, \ldots$, die letzteren mit $w_1, w_2, w_3, \ldots$ bezeichnet werden sollen, so ist dieselbe unbedingt konvergent,

sobald die Reihen $v_1 + v_2 + v_3 + \ldots$, $w_1 + w_2 + w_3 + \ldots$ für sich konvergent sind.

Bezeichnet man die Summenwerte dieser Reihen mit Sv und Sw, so ist die Summe der Reihe u

$$Su = Sv + Sw$$

offenbar eine Grösse, die von der Anordnung der Glieder unabhängig ist.

Satz. Eine unbedingt konvergente Reihe mit positiven und negativen Gliedern hat einen bestimmten Summenwert S, der von der Anordnung der Glieder unabhängig ist.

2. **Satz.** Eine Reihe mit positiven und negativen Gliedern konvergiert stets und dann unbedingt, wenn die Glieder unbegrenzt abnehmen und schliesslich die Zahl 0 zur Grenze haben.

Sind u_1, u_2, u_3, u_4, ... positive Zahlen und ist der Voraussetzung gemäss

$$u_1 > u_2 > u_3 > \ldots > u_n,$$

so lässt sich die Summe der Reihe

$$u_1 - u_2 + u_3 - u_4 + \ldots$$

zwischen zwei Grenzen einschliessen und auf diese Weise ihre Konvergenz erweisen.

Die beiden Anordnungen der Reihe

$$u_1 - (u_2 - u_3) - (u_4 - u_5) - (u_6 - u_7) \ldots,$$
$$(u_1 - u_2) + (u_3 - u_4) + (u_5 - u_6) + , \ldots$$

lassen erkennen, dass einerseits der Wert der Reihe kleiner als u_1, anderseits grösser als $u_1 - u_2$ ist.

Die Reihe konvergiert also nach einem Grenzwert S, der zwischen $u_1 - u_2$ und u_1 liegt.

$$u_1 > S > u_1 - u_2.$$

3. Ist eine der Reihen $v_1, v_2, \ldots; w_1, w_2, \ldots$ konvergent, die andern divergent, so divergiert die Reihe $u_1 + u_2 + \ldots = v_1 + v_2 + \ldots + w_1 + w_2 + \ldots$

4. Sind beide Reihen $v_1\, v_2 \ldots, w_1\, w_2 \ldots$ divergent, so kann die Reihe $u_1\, u_2 \ldots$ divergent oder auch bedingt konvergent sein.

In diesem Fall kann man die Glieder der Reihe stets so anordnen, dass der Wert der ganzen Reihe ein beliebig gegebener, z. B. gleich einer beliebigen positiven Zahl wird.

VI. Abschnitt.

Darstellung der Funktionen durch Potenzreihen.

§ 40. Begriff der Potenzreihe.

Erklärung. Eine nach positiven ganzen Potenzen von x fortschreitende Reihe

$$a_0 + a_1 x + a_2 x^2 + a_3 x^3 + \ldots, \qquad (1)$$

wo $a_0, a_1, a_2, \ldots$ konstante Koeffizienten sind, heisst Potenzreihe.

Dieselbe konvergiert und zwar unbedingt, wenn der Betrag des Quotienten

$$\lim \frac{a_{n+1}}{a_n} x < 1$$

wird, d. h. für alle Werte von x, deren Betrag kleiner ist als der Betrag von $\lim \frac{a_n}{a_{n+1}}$.

Setzt man $\lim \frac{a_n}{a_{n+1}} = k$, so lässt sich diese Bedingung auch ausdrücken durch die Vergleichung

$$-k < x < +k \text{ oder}$$
$$x^2 < k^2.$$

Es gilt somit der

Satz. Ist der Wert von x in dem Gebiet $-k < x < +k$ enthalten, so konvergiert die Reihe (1) unbedingt. Jenes Gebiet heisst das Konvergenzgebiet der Potenzreihe.

Die Reihe konvergiert für jeden Wert von x, wenn $k = \infty$, d. h. wenn

$$-\infty < x < +\infty.$$

Ob die Reihe auch auf den Konvergenzgrenzen $-k$ und $+k$ konvergiert, muss in jedem einzelnen Fall untersucht werden.

Leitet man die Reihe (1) nach x ab, so folgt die weitere Potenzreihe

$$a_1 + 2a_2x + 3a_3x^2 + 4a_4x^3 + \ldots,$$

die konvergent ist, wenn

$$\lim \frac{n+1}{n} \frac{a_{n+1}}{a_n} x < 1 \text{ oder}$$

$$\lim \frac{a_{n+1}}{a_n} x < 1.$$

Satz. Konvergiert die Potenzreihe (1) in dem Gebiet $-k < x < +k$, so konvergiert auch jede durch Differentiation aus derselben hergeleitete Reihe in demselben Gebiet.

Für die Potenzreihe gilt noch der weitere

Satz. Eine Potenzreihe stellt innerhalb des Konvergenzgebiets mit allen ihren Ableitungen eine stetige Funktion von x dar; sie ist es auch noch in den Grenzen des Gebietes $x = \pm k$, **wenn überhaupt Konvergenz in denselben stattfindet.**

§ 41. Eindeutige Darstellung der Funktionen in Potenzreihen.

Satz. Wenn eine Funktion f(x) von x nach Potenzen von x entwickelt werden kann, so ist diese Entwicklung stets eindeutig (nur auf eine einzige Art möglich).

Um dies zu beweisen, nehme man an, f(x) könne auf zwei Arten nach Potenzen von x entwickelt werden:

$$f(x) = A_0 + A_1 x + A_2 x^2 + \dots \quad \text{und}$$
$$f(x) = B_0 + B_1 x + B_2 x^2 + \dots,$$

dann erhält man durch Subtraktion die Beziehung

$$0 = (A_0 - B_0) + x(A_1 - B_1) + x^2(A_2 - B_2) + \dots,$$

welche für jeden Wert von x erfüllt sein muss. Das letztere kann aber offenbar nur der Fall sein, wenn sämtliche Koeffizienten der Potenzen von x verschwinden, wenn also

$$0 = A_0 - B_0 = A_1 - B_1 = A_2 - B_2 = \dots$$

oder wenn

$$A_0 = B_0,\ A_1 = B_1,\ A_2 = B_2,\ \dots,$$

d. h. wenn die beiden Reihen identisch sind, was zu beweisen war.

§ 42. Die Reihe von Maclaurin für Funktionen einer Veränderlichen x.

Nehmen wir an, die Funktion f(x) sei mit allen ihren Ableitungen f′(x), f″(x), ... innerhalb des Gebiets $x = 0$ bis $x = x$ (die 0 mit eingeschlossen) eindeutig, endlich und stetig und nach Potenzen von x darstellbar, so kann man nach der Methode der unbestimmten Koeffizienten setzen:

$$f(x) = A_0 + A_1 x + A_2 x^2 + A_3 x^3 + \ldots \quad (1)$$

Durch Ableitung folgt hieraus

$$f'(x) = A_1 + 2A_2 x + 3A_3 x^2 + \ldots$$
$$f''(x) = 2A_2 + 3 \cdot 2A_3 x + 4 \cdot 3A_4 x^2 + \ldots$$
$$f'''(x) = 3 \cdot 2 \cdot 1 A_3 + 4 \cdot 3 \cdot 2 A_4 x + \ldots$$
$$\vdots$$

und wenn man hierin $x = 0$ setzt

$f(0) = A_0, f'(0) = A_1, f''(0) = 2!A_2, f'''(0) = 3!A_3, \ldots,$

womit die Gleichung (1) übergeht

$$f(x) = f(0) + \frac{x}{1!} f'(0) + \frac{x^2}{2!} f''(0) + \frac{x^3}{3!} f'''(0) + \ldots \quad (2)$$

Man nennt diese Entwicklung nach ihrem Entdecker die **Potenzreihe von Maclaurin.**

Wir erhalten somit den

Satz. Wenn sich eine Funktion $f(x)$ von x innerhalb des Gebiets $x = 0$ bis $x = x$ endlich und stetig verhält, so lässt sie sich nach ganzen Potenzen von x entwickeln und können die Koeffizienten derselben durch Ableitung bestimmt werden.

Die Entwicklung (2) hat Gültigkeit, so lange die Funktion $f(x)$ mit allen ihren Ableitungen für $x = 0$ endlich und stetig ist und solange sie konvergiert, d. h. solange

$$\lim_{n = \infty} \frac{x^n}{n!} f^{(n)}(0) = 0 \quad (3)$$

ist. Ist diese Bedingung nicht erfüllt, so tritt an Stelle der Reihe (2) die Reihe mit dem Restglied R_n

$$f(x) = f(0) + \frac{x}{1} f'(0) + \frac{x^2}{2!} f''(0) + \dots$$
$$+ \frac{x^{n-1}}{(n-1)!} f^{(n-1)}(0) + R_n, \quad (4)$$

wo nach Lagrange

$$R_n = \frac{x^n}{n!} f^{(n)}(\vartheta x), \; 0 \leqq \vartheta \leqq 1$$

oder nach Cauchy

$$R_n = \frac{(1-\vartheta)^{n-1}}{(n-1)!} x^n f^{(n)}(\vartheta x), \; 0 \leqq \vartheta \leqq 1 \text{ ist.}$$

§ 43. Die Reihe von Taylor für Funktionen einer Veränderlichen x.

Setzt man in der Reihe von Maclaurin an Stelle von x $x+h$ und vertauscht nachträglich x mit h, so ergiebt sich der

Satz von Taylor. Ist die Funktion $f(x)$ samt ihren Ableitungen innerhalb des Gebiets x bis $x+h$ eindeutig, endlich und stetig, so gilt die Entwicklung nach Potenzen von h:

$$f(x+h) = f(x) + \frac{h}{1!} f'(x) + \frac{h^2}{2!} f''(x) + \dots$$
$$+ \frac{h^{n-1}}{(n-1)!} f^{(n-1)}(x) + R_n,$$

die man die Taylor'sche Reihe nennt. Hierin hat das Restglied R_n nach Lagrange die Gestalt

$$R_n = \frac{h^n}{n!} f^{(n)}(x + \vartheta h), \; 0 \leqq \vartheta \leqq 1$$

oder nach Cauchy die folgende

$$R_n = \frac{(1-\vartheta)^{n-1} h^n}{(n-1)!} f^{(n)}(x + \vartheta h), \; 0 \leqq \vartheta \leqq 1.$$

Ist die Bedingung erfüllt $\lim_{n=\infty} R_n = 0$, so konvergiert die Reihe. In diesem Fall gilt der

Satz. Ist die Funktion f(x) mit allen ihren Ableitungen im Gebiet x bis x + h eindeutig, endlich und stetig und ist die Bedingung erfüllt $\lim_{n=\infty} R_n = 0$,

so ist die Reihe von Taylor konvergent und gilt die Entwicklung

$$f(x+h) = f(x) + \frac{h}{1} f'(x) + \frac{h^2}{2!} f''(x) + \ldots,$$

deren Summe durch f(x + h) angegeben ist.

Als Beispiel möge die n^{te} Differenz der Funktion $y = f(x)$

$$\Delta y^n = f(x + n\Delta x) - \binom{n}{1} f(x + (n-1)\Delta x) \\ + \binom{n}{2} f(x + (n-2)\Delta x) - \ldots,$$

die wir in § 26 kennen gelernt haben, nach Potenzen von Δx entwickelt werden.

Wendet man auf jede der hierin enthaltenen Funktionen $f(x + k\Delta x)$, wo $k = n, n-1, n-2, \ldots, 3, 2, 1, 0$ zu setzen ist, den Satz von Taylor an, indem man jede derselben nach Potenzen von $k\Delta x$ entwickelt und nachträglich die Koeffizienten von f(x), f'(x), f''(x), ..., $f^{(k)}(x)$, ... zusammenfasst, so lässt sich $\Delta^n y$ auf die Form bringen

$$\Delta^n y = A_0 f(x) + \Delta x A_1 f'(x) + \Delta x^2 A_2 f''(x) + \ldots \\ + \Delta x^k A_k f^{(k)}(x) + \ldots,$$

wo der Koeffizient A_k gleich dem Ausdruck ist

$$A_k = \frac{1}{k!}\left\{\binom{n}{0}n^k - \binom{n}{1}(n-1)^k + \binom{n}{2}(n-2)^k - \ldots \right.$$

$$\left. + (-1)^{n-1}\binom{n}{n-1}1^k + (-1)^n\binom{n}{n}0^k\right\},$$

dessen letztes Glied für $k > 0$ verschwindet (da $0^k = 0$ ist) und nur für $k = 0$ nach § $35_{,1}$ den Wert erhält

$$(-1)^n\binom{n}{n}0^0 = (-1)^n\,1\,.\,1 = (-1)^n.$$

Wie in der niederen Analysis*) gezeigt wird, verschwindet der Klammerausdruck von A_k für $k = 0$, 1, 2, ..., $n - 1$, daher ist stets

$$A_0 = A_1 = A_2 = \ldots = A_{n-1} = 0.$$

Für $k = n$, $n + 1$, $n + 2$, ... dagegen geht derselbe über in

$$n!,\ \frac{n}{2}\,.\,(n+1)!,\ \frac{n}{24}(3n+1)\,.\,(n+2)!,$$

$$\frac{n^2}{48}(n+1)\,.\,(n+3)!\,,\ \ldots;$$

somit erhalten die Koeffizienten A_n, A_{n+1}, A_{n+2}, ... die Werte

$$A_n = 1,\quad A_{n+1} = \frac{n}{2},\quad A_{n+2} = \frac{1}{24}n(3n+1),$$

$$A_{n+3} = \frac{1}{48}n^2(n+1),\ \ldots$$

Indem man mit $\triangle x^n$ beiderseits dividiert, geht die n^{te} Differenz $\triangle^n y$ der Funktion $y = f(x)$ in den n^{ten} Differenzenquotienten über, welcher nunmehr die Gestalt erhält:

*) Dr B. Sporer, Niedere Analysis, Sammlung Göschen, Bd. 53, § 40, 3.

$$\frac{\Delta^n y}{\Delta x^n} = f^{(n)}(x) + \frac{n}{2} \Delta x f^{(n+1)}(x)$$
$$+ \frac{n}{24}(3n+1) \Delta x^2 f^{(n+2)}(x) + \ldots,$$

die wir schon in § $26,_3$ benützt haben.

§ 44. Reihenentwicklung der Exponentialfunktionen a^x und e^x.

1. Setzt man $f(x) = e^x$, so erhält man die Ableitungen $f'(x) = f''(x) = \ldots = e^x$ und hieraus für $x = 0$ $f(0) = f'(0) = f''(0) = \ldots = 1$.

Daher ist nach Maclaurin

$$e^x = 1 + \frac{x}{1} + \frac{x^2}{2!} + \frac{x^3}{3!} + \ldots \qquad (1)$$

Als Konvergenzbedingung ergiebt sich nach Kriterium I.

$$\lim \frac{U_{n+1}}{U_n} = \frac{x}{n+1}\bigg|_{n=\infty} = 0,$$

d. h. die Reihe konvergiert für jeden endlichen Wert von x.

Satz. Die Exponentialfunktion e^x lässt sich in die nach Potenzen von x fortschreitende Reihe

$$e^x = 1 + \frac{x}{1} + \frac{x^2}{2!} + \frac{x^3}{3!} + \ldots \qquad (1)$$

entwickeln, die für jeden endlichen Wert von x konvergiert.

Für $x = 1$ erhält man hieraus die Reihe

$$e = 1 + \frac{1}{1} + \frac{1}{2!} + \frac{1}{3!} + \ldots,$$

die zur Berechnung der Zahl e dient.

2. Aus $a^x = (e^{la})^x = e^{xla}$
folgt mit Zuhilfenahme der Formel (1)

$$a^x = 1 + \frac{xla}{1} + \frac{(xla)^2}{2!} + \frac{(xla)^3}{3!} + \ldots,$$

die ebenfalls für jeden endlichen Wert von x konvergiert, denn es ist

$$\lim \frac{U_{n+1}}{U_n} = \frac{xla}{n+1}\Big|_{n=\infty} = 0.$$

§ 45. Reihenentwicklung der logarithmischen Funktionen.

1. Für $f(x) = lx$ erhält man

$$f'(x) = \frac{1}{x},\ f''(x) = + \frac{1}{x^2},\ \ldots \text{ und hieraus für } x = 0$$

$$f(0) = -\infty,\ f'(0) = \infty,\ f''(0) = -\infty,\ \ldots,$$

woraus zu erkennen ist, dass die Reihe unbrauchbar ist.

2. Dagegen ergiebt sich für $f(x) = l(1+x)$, $f'(x) = (1+x)^{-1}$, $f''(x) = -(1+x)^{-2}$, $f'''(x) = 2(1+x)^{-3}, \ldots$, $f^{(n)}(x) = (-1)^{n-1}(n-1)!(1+x)^{-n}$ und hieraus

$$f(0) = 1,\ f'(0) = 1,\ f''(0) = -1!,\ f'''(0) = 2!,\ \ldots,$$
$$f^{(n)}(0) = (-1)^{n-1}(n-1)!$$

somit ist:

$$l(1+x) = x - \frac{x^2}{2} + \frac{x^3}{3} - \frac{x^4}{4} + \ldots. \qquad (1)$$

Diese Reihe divergiert, wenn x eine positive oder negative ganze Zahl $x > \pm 1$.

Ist x eine positive Zahl $x \leqq 1$, so konvergiert die Reihe nach Satz 2 in § 39. Sie konvergiert auch, wenn x ein negativer echter Bruch ist $x = -\frac{1}{a}$, wo a eine ganze Zahl grösser als 1 bedeutet, denn in diesem Fall sind ihre Glieder kleiner als die entsprechenden der geometrischen Reihe $-\frac{1}{a}-\frac{1}{a^2}-\frac{1}{a^3}-\ldots$, die für $a>1$ konvergiert.

Für $x=-1$ geht die Reihe in die negativ genommene harmonische Reihe über, die bekanntlich divergent ist.

Satz. Die logarithmische Funktion $l(1+x)$ lässt sich für $x<+1>-1$ sowie für $x=+1$ in eine konvergente Potenzreihe entwickeln, deren allgemeiner Ausdruck durch (1) angegeben ist.

Für $x=+1$ erhält man die Reihe

$$\log 2=1-\frac{1}{2}+\frac{1}{3}-\frac{1}{4}+\ldots,$$

deren Summe $\varsigma=\log 2$ zwischen den Grenzen 1 und $\frac{1}{2}$ liegt, wie folgende Anordnung zeigt:

$$1-\left(\frac{1}{2}-\frac{1}{3}\right)-\left(\frac{1}{4}-\frac{1}{5}\right)-\ldots<1$$

$$\left(1-\frac{1}{2}\right)+\left(\frac{1}{3}-\frac{1}{4}\right)+\left(\frac{1}{5}-\frac{1}{6}\right)+\ldots>1-\frac{1}{2}>\frac{1}{2}.$$

3. Setzt man in der Reihe (1) $-x$ an Stelle von $+x$, so folgt:

$$l(1-x)=-\frac{x}{1}-\frac{x^2}{2}-\frac{x^3}{3}-\ldots \qquad (2)$$

und wenn man diese Reihe von der Reihe (1) subtrahiert,

$$l\left(\frac{1+x}{1-x}\right)=2\left(\frac{x}{1}+\frac{x^3}{3}+\frac{x^5}{5}+\ldots\right).$$

Setzt man in Formel (1) $x=\frac{1}{n}$ und in (2)

$x = \frac{1}{2n+1}$, so ergeben sich die beiden Formeln

$$l(n+1) = l\,n + \frac{1}{n} - \frac{1}{2n^2} + \frac{1}{3n^3} - \frac{4}{4n^4} + \ldots$$

$$l(n+1) = l\,n + 2\left\{\frac{1}{2n+1} + \frac{1}{3(2n+1)^2} + \frac{1}{5(2n+1)^3} + \ldots\right\},$$

aus denen die natürlichen Logarithmen von $n+1$ berechnet werden können, wenn diejenigen von n bekannt sind.

§ 46. Reihenentwicklung der trigonometrischen Funktionen.

1. Die Funktion $f(x) = \sin x$. Man erhält

$$f(x) = \sin x,\quad f(0) = 0,$$
$$f'(x) = \cos x,\quad f'(0) = 1,$$
$$f''(x) = -\sin x,\quad f''(0) = 0,$$
$$f'''(x) = -\cos x,\quad f'''(0) = -1,$$
$$\cdots$$
$$\cdots$$

somit ist

$$\sin x = \frac{x}{1!} - \frac{x^3}{3!} + \frac{x^5}{5!} + \ldots \text{ und ebenso}$$

$$\cos x = 1 - \frac{x^2}{2!} + \frac{x^4}{4!} - \ldots$$

Für beide Reihen hat der Quotient zweier aufeinander folgender Glieder den Wert

$$\frac{x^{n+2}}{(n+2)!} : -\frac{x^n}{n!} = -\frac{x^2}{(n+1)(n+2)},$$

der, so gross auch ein endlicher Wert von x werden möge, bei wachsendem n immer kleiner wird und für $n = \infty$ gegen die Null konvergiert. Die Glieder nehmen somit unbegrenzt ab und sind sowohl für ein positives wie ein negatives x entgegengesetzten Zeichens. Daher konvergiert die Reihe für jeden endlichen Wert von x.

Satz. Die Funktionen sin x und cos x lassen sich in die für jeden endlichen Wert von x konvergenten Potenzreihen entwickeln.

$$\sin x = \frac{x}{1!} - \frac{x^3}{3!} + \frac{x^5}{5!} - \dots$$

$$\cos x = 1 - \frac{x^2}{2!} + \frac{x^4}{4!} - \dots \qquad (1)$$

2. Ist $f(x) = \operatorname{tg} x = \frac{\sin x}{\cos x}$, so folgt hieraus

$$\sin x = f(x) \cos x$$

und wenn wir diese Funktion nach dem Satz von Leibnitz n- mal ableiten:

$$\sin\left(x + n\frac{\pi}{2}\right) = f^{(n)}(x)\cos x - \binom{n}{1} f^{(n-1)}(x)\sin x - \binom{n}{2} f^{(n-2)}(x)\cos x + \binom{n}{3} f^{(n-3)}(x)\sin x + \dots$$

Für $x = 0$ giebt diese Entwicklung die folgende

$$\sin\frac{n\pi}{2} = f^{(n)}(0) - \binom{n}{2} f^{(n-2)}(0) + \binom{n}{4} f^{(n-4)}(0) - \binom{n}{6} f^{(n-6)}(0) + \dots,$$

aus der man $f^{(n)}(0)$ erhält, wenn $f^{(n-2)}(0)$, $f^{(n-4)}(0)$, ... bereits bekannt sind. Da aus den ersten Gleichungen $f(0) = 0$, also auch $f''(0) = f^{(4)}(0) = \dots = 0$ folgt, so ist diese Formel nur auf ungerade Werte von n anzuwenden und geht in die folgende über

$$f^n(0) = (-1)^{\frac{n-1}{2}} + \binom{n}{2} f^{(n-2)}(0) - \binom{n}{4} f^{(n-4)}(0) + \dots$$

die für $n = 1, 3, 5, 7, \dots$ die Werte liefert.

$$f'(0)=1,\ f'''(0)=-1+\binom{3}{2}f'(0)=2,$$

$$f^{(5)}(0)=1+\binom{5}{2}2-\binom{5}{4}1=16,$$

$$f^{(7)}(0)=-1+\binom{7}{2}16-\binom{7}{4}2+\binom{7}{6}1=272, \text{ u. s. w.}$$

folglich erhält man die Reihenentwicklung

$$\operatorname{tg} x = x + \frac{2}{3!}x^3 + \frac{16}{5!}x^5 + \frac{272}{7!}x^7 + \ldots \text{ oder}$$

$$\operatorname{tg} x = x + \frac{1}{3}x^3 + \frac{2}{15}x^5 + \frac{17}{315}x^7 + \ldots \tag{2}$$

Anmerkung. In den Reihen (1) und (2) bezeichnet x den dem fraglichen Winkel gegenüberliegenden Bogen in Teilen des Halbmessers.

§ 47. Reihenentwicklung der cyklometrischen Funktionen.

1. Um die Reihenentwicklung für $y = f(x) = \arcsin x$ zu erhalten, bilde man $y' = \frac{1}{\sqrt{1-x^2}}$ und leite den Ausdruck

$$y'\sqrt{1-x^2}=1 \text{ oder } y'^2(1-x^2)=1$$

weiter ab, dann ergiebt sich

$$y''(1-x^2)-y'x=0,$$
$$y'''(1-x^2)-3y''x-y'=0$$
$$y^{(4)}(1-x^2)-5y'''x-4y''=0 \text{ u. s. w.}$$

und schliesslich allgemein die Rekursionsformel

$$y^{(n+2)}(1-x^2)-(2n+1)y^{(n+1)}x-n^2y^{(n)}=0,$$

die für $x=0$ die einfache Gestalt annimmt:

$$f^{(n+2)}(0)=n^2f^{(n)}(0).$$

Diese Gleichung zeigt, dass für jedes gerade n $f^{(n)}(0)=0$ ist. Für n = 1, 3, 5, ergeben sich die Werte

$$f'(0)=1,\ f'''(0)=1,\ f^{(5)}(0)=9,\ f^{(7)}(0)=25.9, \text{ etc.}$$

und damit

$$f(x)=\arcsin x = x+\frac{1}{2}\frac{x^3}{3}+\frac{1.3}{2.4}\frac{x^5}{5}+\frac{1.3.5}{2.4.6}\frac{x^7}{7}+\ldots \qquad (1)$$

Diese Reihe konvergiert für jeden Wert von $x^2<1$.

Satz. Die Funktion $f(x)=\arcsin x$ lässt sich in eine für jeden Wert von $x^2<1$ konvergente Potenzreihe entwickeln, deren allgemeiner Ausdruck durch (1) angegeben ist.

Anmerkung. Durch Quadrieren erhält man aus (1) die weitere Reihe

$$(\arcsin x)^2=\frac{x^2}{1}+\frac{2}{3}\cdot\frac{x^4}{2}+\frac{2.4}{3.5}\cdot\frac{x^6}{3}+\frac{2.4.6}{3.5.7}\cdot\frac{x^8}{4}+\ldots,$$

die ebenfalls für $x^2<1$ konvergiert. (2)

2. Ist $y=f(x)=\operatorname{arctg} x$, so erhält man in ähnlicher Weise

$$y'=\frac{1}{1+x^2} \text{ oder } y'(1+x^2)=1$$

und hieraus

$$y''(1+x^2)+2y'x=0,$$
$$y'''(1+x^2)+4y''x+2y'=0$$

und allgemein die Rekursionsformel

$$y^{(n+2)}(1+x^2)+(2n+2)y^{(n+1)}x+n(n+1)y^{(n)}=0,$$

die auch direkt nach dem Satz von Leibnitz für

$$uv=y'(1+x^2)$$

hervorgeht. Für $x=0$ geht diese Formel über in

$$f^{(n+2)}(0) + n(n+1) f^{(n)}(0) = 0 \text{ oder}$$
$$f^{(n+2)}(0) = -n(n+1) f^{(n)}(0).$$

Da $f(0) = 0$ ist, so sieht man auch hieraus, dass für jedes gerade n $f^{(n)}(0) = 0$.

Für $n = 1, 3, 5, 7, \ldots$ folgt

$f'''(0) = -2!$, $f^{(5)}(0) = +4!$, $f^{(7)}(0) = -6!$, u. s. w.

und somit die Reihenentwicklung

$$f(x) = \operatorname{arc\,tg} x = x - \frac{x^3}{3} + \frac{x^5}{5} - \frac{x^7}{7} + \frac{x^9}{9} - \ldots \quad (3)$$

die für $x^2 < 1$ konvergiert.

Einfacher ergiebt sich dasselbe Resultat auch auf folgende Weise. Durch einfache Division folgt die Reihe

$$\frac{1}{1+x^2} = 1 - x^2 + x^4 - x^6 + x^8 - \ldots,$$

die offenbar durch Differentiation aus der Gleichung hervorgegangen ist

$$\operatorname{arc\,tg} x + \text{Const} = x - \frac{x^3}{3} + \frac{x^5}{5} - \frac{x^7}{7} + \frac{x^9}{9} - \ldots$$

Für $x = 0$ folgt $C = 0$ und somit die Entwicklung (3).

Satz. Die Funktion $\operatorname{arc\,tg} x$ lässt sich in eine für $-1 > x \leqq +1$ konvergente Potenzreihe entwickeln, deren allgemeiner Ausdruck durch (3) angegeben ist.

Der Formeln (1) und (3) können zur Berechnung der irrationalen Zahl π benützt werden.

Setzt man in (3) $x = 1$, so folgt die allerdings nur schwach konvergierende Reihe von Leibnitz

$$\frac{\pi}{4} = 1 - \frac{1}{3} + \frac{1}{5} - \frac{1}{7} + \frac{1}{9} - \ldots, \quad (4)$$

die man auch durch Zusammenfassen von je Gliedern auf die Gestalt bringen kann:

$$\frac{\pi}{4}=2\left\{\frac{1}{1.3}+\frac{1}{5.7}+\frac{1}{9.11}+\cdots\right\}$$

$$=1-2\left\{\frac{1}{3.5}+\frac{1}{7.9}+\frac{1}{11.13}+\cdots\right\},$$

welche bei der Berechnung von π rascher zum Ziel führt.

Andere Ableitungen von π erhält man, indem man sich $\frac{\pi}{4}$ aus kleineren Winkeln zusammengesetzt denkt.

Ist z. B. $\varphi=\operatorname{arc\,tg}\frac{1}{5}$, $\operatorname{tg}\varphi=\frac{1}{5}$, so ist

$$\operatorname{tg}2\varphi=\frac{2\operatorname{tg}\varphi}{1-\operatorname{tg}^2\varphi}=\frac{5}{12},\quad \operatorname{tg}4\varphi=\frac{2\operatorname{tg}2\varphi}{1-\operatorname{tg}^2 2\varphi}=\frac{120}{129},$$

somit

$$\operatorname{tg}\left(4\varphi-\frac{\pi}{4}\right)=\frac{\operatorname{tg}4\varphi-\operatorname{tg}\frac{\pi}{4}}{1+\operatorname{tg}4\varphi\operatorname{tg}\frac{\pi}{4}}=\frac{1}{239},$$

$$\operatorname{arc\,tg}\frac{1}{239}=4\varphi-\frac{\pi}{4}$$

oder

$$\frac{\pi}{4}=4\operatorname{arc\,tg}\frac{1}{5}-\operatorname{arc\,tg}\frac{1}{239}$$

$$=4\left\{\frac{1}{1.5}-\frac{1}{3.5^3}+\frac{1}{5.5^5}-\cdots\right\}$$

$$-\left\{\frac{1}{239}-\frac{1}{3.239^3}+\frac{1}{5.239^5}-\cdots\right\},$$

woraus sich für π der Wert ergiebt:

$$\pi=3,1415926.$$

§ 48. Die Reihen von Maclaurin und Taylor für Funktionen zweier Veränderlichen x und y.

1. Die Reihe von Maclaurin.

Satz. Ist die Funktion f(xy) mit allen ihren Ableitungen innerhalb der Grenze $x = 0$, $y = 0$ bis $x = x$, $y = y$ eindeutig, endlich und stetig, so kann sie ebenso wie die entsprechende Funktion f(x) in § 42 in eine nach Produktkombinationen von x und y fortschreitende Reihe entwickelt werden, deren Koeffizienten in ähnlicher Weise wie dort durch Ableitung zu erhalten sind.

Setzen wir

$$f(\xi\eta) = A_0 + A_1\xi + A_2\eta + A_{11}\xi^2 + A_{12}\xi\eta + A_{22}\eta^2 + \ldots,$$

so folgt hieraus durch partielle Ableitung nach ξ und η, indem man nachträglich $\xi = 0$, $\eta = 0$ setzt:

$$A_0 = f(0,0) \qquad A_{11} = \frac{1}{2!}\frac{\partial^2 f}{\partial\xi^2} \qquad A_{111} = \frac{1}{3!}\frac{\partial^3 f}{\partial\xi^3}$$

$$A_1 = \frac{\partial f}{\partial\xi} \qquad A_{12} = \frac{2}{2!}\frac{\partial^2 f}{\partial\xi\,\partial\eta} \qquad A_{112} = \frac{3}{3!}\frac{\partial^3 f}{\partial\xi^2\partial\eta}$$

$$A_2 = \frac{\partial f}{\partial\eta} \qquad A_{22} = \frac{1}{2!}\frac{\partial^2 f}{\partial\eta^2} \qquad \begin{matrix}\cdots\\ \cdots\end{matrix}$$

Daher lautet die Entwicklung nach Maclaurin

$$f(xy) = f(00) + \frac{1}{1!}\left\{x\frac{\partial f}{\partial\xi} + y\frac{\partial f}{\partial\eta}\right\}_{\xi=0,\ \eta=0.} \tag{1}$$

$$+ \frac{1}{2!}\left\{x^2\frac{\partial^2 f}{\partial\xi^2} + 2xy\frac{\partial^2 f}{\partial\xi\,\partial\eta} + y^2\frac{\partial^2 f}{\partial\eta^2}\right\}_{\xi=0,\ \eta=0.} + \ldots$$

2. Die Reihe von Taylor.

Setzt man in der Reihe (1) an Stelle von x und y die Grössen $x + h$ und $y + k$ und vertauscht nachträglich x mit h, y mit k, so erhält man die Reihe von Taylor für zwei Veränderliche x und y:

$$f(x+h, y+k) = f(xy) + \frac{1}{1!}\left\{h\frac{\partial f}{\partial x} + k\frac{\partial f}{\partial y}\right\}$$

$$+ \frac{1}{2!}\left\{h^2\frac{\partial^2 f}{\partial x^2} + 2hk\frac{\partial^2 f}{\partial x \partial y} + k^2\frac{\partial^2 f}{\partial y^2}\right\} + \dots \quad (2)$$

die später mehrfach angewendet wird.

Man kann diese Entwicklung auch aus derjenigen für eine Veränderliche x herleiten, indem man in f(xy) die Veränderliche y zunächst als konstant ansieht und nur x um die Grösse h wachsen lässt, dann x als konstant betrachtet und y um k wachsen lässt.

Satz. Ist die Funktion f(xy) samt ihren partiellen Ableitungen im Gebiet x = x, y = y bis x = x + h, y = y + k eindeutig, endlich und stetig, so lässt sich f(x + h, y + k) in eine nach Produktkombinationen von h und k fortschreitende Reihe entwickeln, deren allgemeiner Ausdruck durch die Gleichung (2) angegeben ist.

VII. Abschnitt.

Maxima und Minima der Funktionen.

---

§ 49. Maxima und Minima der Funktionen einer Veränderlichen.

Erklärung. Die Funktion y = f(x) wird für x = a ein Maximum bezw. Minimum, wenn sie in der nächsten Umgebung von x = a, also für $a + \varepsilon$ und $a - \varepsilon$ algebraisch kleinere bezw. grössere Werte annimmt, als dies für $x = a$ der Fall ist, wo ε eine Grösse bedeutet, die beliebig klein gewählt werden kann.

Die Funktion $y = ax - x^2$ hat für $x = \frac{a}{2}$ ein Maximum, da sie für $x = \frac{a}{2} \pm \varepsilon$ beidesmal den Wert $y = \frac{a^2}{4} - \varepsilon^2$ annimmt, der kleiner als der Maximalwert $y = \frac{a^2}{4}$ ist.

Lässt man die Abscisse x wachsen, so wächst auch die Funktion $f(x)$ oder nimmt ab, je nachdem $y' = f'(x)$ positiv oder negativ ist. Für ein Maximum oder Minimum muss die Funktion $y = f(x)$ von algebraisch kleineren zu algebraisch grösseren Werten übergehen oder umgekehrt. Dieser Uebergang kann aber offenbar nur für diejenigen Werte von x eintreten, für welche

$$y' = f'(x) = 0 \text{ ist,}$$

wenigstens solange $f(x)$ an diesen Stellen endlich und stetig bleibt.

Satz. Man erhält die Maximal- oder Minimalwerte der Funktion $f(x)$ durch Auflösen der Gleichung

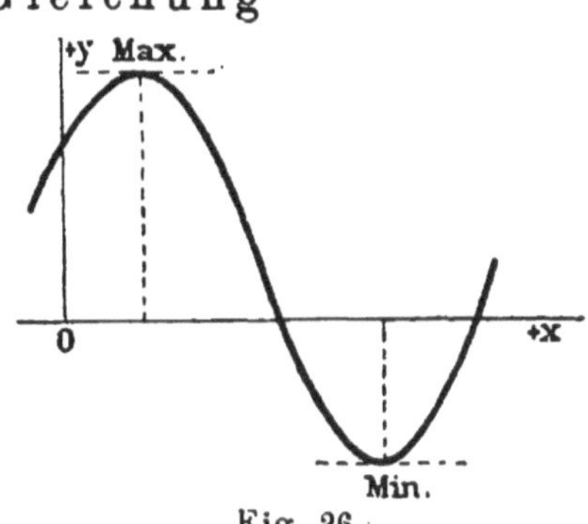

Fig. 26.

$$y' = f'(x) = 0. \tag{1}$$

Ein solcher Wert $x = a$ ist alsdann ein Maximum oder Minimum von $f(x)$, je nachdem

$$f(a \pm \varepsilon) - f(a) \lessgtr 0 \text{ ist.} \tag{2}$$

Stellt $y = f(x)$ eine ebene Kurve dar, so ist

$$\operatorname{tg} \alpha = y' = f'(x) = 0$$

für alle Punkte von f, in denen die Kurventangente der x-Axe parallel ist. Fig. 26.

§ 50. Herleitung des analytischen Kennzeichens von Maximum und Minimum.

Um das analytische Kennzeichen für ein Maximum oder Minimum von $y = f(x)$ zu erhalten, entwickle man $f(x \pm \varepsilon)$ nach Potenzen von ε:

$$f(x \pm \varepsilon) = f(x) \pm \frac{\varepsilon}{1} f'(x) + \frac{\varepsilon^2}{2!} f''(x) \pm \frac{\varepsilon^3}{3!} f'''(x) + \ldots$$

dann ist, wenn x ein Maximal- oder Minimalwert von $f(x)$ sein soll, $f'(x) = 0$. Unsere Entwicklung geht dann über in

$$f(x \pm \varepsilon) - f(x) = \frac{\varepsilon^2}{2!} f''(x) \pm \frac{\varepsilon^3}{3!} f'''(x) + \ldots$$

Nehmen wir nun hierin ε so klein an, dass das erste Glied rechts über das Vorzeichen der ganzen Summe entscheidet, so wird das letztere negativ oder positiv sein, je nachdem $f''(x)$ negativ oder positiv ist. Wir erhalten somit für x ein Maximum oder Minimum der Funktion $f(x)$, je nachdem $f''(x)$ negativ oder positiv ist. Verschwindet jedoch $f''(x)$ für x, so würde das zweite Glied der Entwicklung rechts über das Vorzeichen der ganzen Summe entscheiden. Da dieses aber mit ε sein Zeichen wechselt, so leuchtet ein, dass in diesem Fall weder Maximum noch Minimum stattfinden kann.

Geometrisch ausgedrückt, hat in solchem Fall die Kurve $y = f(x)$ im Punkt mit der Abscisse x einen Wendepunkt, dessen Tangente horizontal ist. Fig. 27.

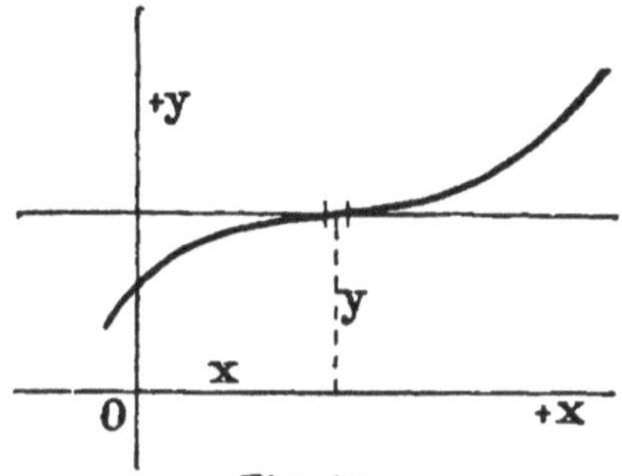

Fig. 27.

Verschwinden für den Wert x alle Ableitungen der Funktion f(x) bis einschliesslich zur $(n-1)^{\text{ten}}$, so nimmt die obige Entwicklung die Gestalt an:

$$f(x \pm \varepsilon) - f(x) = (-1)^n \frac{\varepsilon^n}{n!} f^{(n)}(x) + (-1)^{n+1} \frac{\varepsilon^{n+1}}{(n+1)!} f^{(n+1)}(x) + \dots,$$

wo für sehr kleine Werte von ε das erste Glied rechts das Vorzeichen der ganzen Entwicklung bestimmt. Diese wird demnach mit ε das Zeichen nicht wechseln oder wechseln, je nachdem n gerade oder ungerade ist. Ist das letztere der Fall, so kann also weder Maximum noch Minimum stattfinden. Tritt jedoch das erstere ein, so hängt das Vorzeichen der Differenz $f(x \pm \varepsilon) - f(x)$ nur von $f^{(n)}(x)$ ab. Man erfüllt also für x ein Maximum oder Minimum, je nachdem $f^{(n)}(x)$ negativ oder positiv ist. Es ergiebt sich somit der

Satz. Eine Funktion f(x) wird für einen gewissen Wert von x ein Maximum bezw. Minimum, wenn die niedrigste Ableitung von f(x) nach x, welche für diesen Wert von x nicht verschwindet, von gerader Ordnung ist und zwar tritt dann ein Maximum oder Minimum ein, je nachdem diese Ableitung negativ oder positiv ist.

Beispiele:

1. $y = x^3 + 3ax$, Min. für $x = 0$, Max. für $x = -2a$.
2. $y = 4x^3 + 3ax^2 - 6a^2x$, Min. für $x = \frac{a}{2}$, Max. für $x = -a$.
3. $y = x - \sqrt{1-x}$, Max. für $x = -\frac{3}{4}$.
4. $y = x^{\frac{1}{x}}$, Max. für $x = e$.
5. Welches Rechteck hat bei gegebenem Umfang a den grössten Inhalt?

Ist x eine Seite des Rechtecks, so ist $a - x$ die andere, dann ist $y = x(a - x)$ ein Max. für $x = \frac{a}{2}$ und erhält den Maximalwert $y = \frac{a^2}{4}$.

Satz. Unter allen Rechtecken von gegebenem Umfang hat das Quadrat den grössten Inhalt.

6. Welches Rechteck von gegebenem Inhalt hat den kleinsten Umfang? Man findet ebenso das Quadrat.
7. Unter allen Dreiecken, von denen irgend zwei Seiten die Summe $s = 2a$ haben und den Winkel α einschliessen, dasjenige zu finden, welches den grössten

Inhalt hat. Ist eine der einschliessenden Seiten x, so ist die andere 2a — x, daher der Inhalt des Dreiecks

$$J = \frac{x}{2}(2a - x)\sin\alpha;$$

somit ist zu untersuchen $y = x(2a - x)$.

Man findet ein Max. für $x = a$.

8. Aus einer Seite a und dem gegenüberliegenden Winkel α das an Fläche grösste Dreieck zu finden. Ist der an a liegende Winkel gleich φ, so ist der Inhalt des Dreiecks $J = \frac{a^2}{\sin\alpha}\sin\varphi\sin(\alpha + \varphi)$; somit ist zu untersuchen $y = \sin\varphi\sin(\alpha + \varphi)$.

Man findet $y' = \cos\varphi\sin(\alpha + \varphi) + \sin\varphi\cos(\alpha + \varphi) = 0$, woraus folgt $\operatorname{tg}\varphi = -\operatorname{tg}(\alpha + \varphi) = \operatorname{tg}(\pi - \alpha - \varphi)$

$$\varphi = \pi - \alpha - \varphi, \quad \varphi = \frac{1}{2}(\pi - \alpha).$$

§ 51. Maxima und Minima von gebrochenen Ausdrücken.

Sind φ und ψ ganze Funktionen von x und soll ein Max. von $f = \frac{\varphi}{\psi}$ bestimmt werden, so ergiebt sich als Bedingung hiefür

$$f'(x) = \frac{1}{\psi^2}(\varphi'\psi - \varphi\psi') = 0. \tag{1}$$

Hiebei ist zu bemerken, dass das Vorzeichen von $f'(x)$ dasjenige des Zählers $\varphi'\psi - \varphi\psi'$ ist; ist daher $u(x)$ eine Funktion von x, welche

$$u'(x) = \varphi'\psi - \varphi\psi' \tag{2}$$

giebt, so nehmen f und u gleichzeitig zu und ab, und erreichen daher auch gleichzeitig ein Max. oder Min. Bei der weiteren Untersuchung darf daher an Stelle von f die Funktion $u(x)$ gesetzt, d. h. der Nenner ψ^2 weggelassen werden.

Satz. Die Maximal- und Minimalwerte der gebrochenen Funktion $f = \frac{\varphi}{\psi}$ bestimmen sich aus

$$u'(x) = \varphi' \psi - \varphi \psi' = 0 \qquad (2)$$

und die Funktion f wird für einen hieraus erhaltenen Wert von x ein Maximum oder Minimum, je nachdem

$$u''(x) = \varphi'' \psi - \varphi \psi'' \lessgtr 0 \text{ ist.} \qquad (3)$$

Ist schliesslich $\varphi = 1$, so geht f in den reziproken Wert von ψ über $f = \frac{1}{\psi}$ und erhält man zur Bestimmung eines Max. oder Min.

$$u'(x) = -\psi'(x) = 0.$$

Die hieraus hervorgehenden Werte gehören einem Max. oder Min. von f an, je nachdem

$$u''(x) = -\psi''(x) \lessgtr 0 \text{ ist.}$$

Einem Max. oder Min. von f entspricht also ein Min. oder Max. von ψ.

Satz. Wird die Funktion f für einen Wert von x ein Maximum oder Minimum, so wird die reziproke Funktion $\frac{1}{f}$ für denselben Wert von x ein Minimum oder Maximum.

Beispiel.

1. Aus $f = \frac{x}{x^2 + 6x + 9}$ folgt

$$u'(x) = x^2 + 6x + 9 - x\,(2x + 6) = 0$$
$$u''(x) = -2x.$$

Man erhält ein Max. für $x = 3$, $\quad f = \frac{1}{12}$.

Man erhält ein Min. für $x = -3$, $f = -\infty$.

2. $$f = \frac{x^2 + x - 1}{x^2 - x + 1}$$

$$u'(x) = -2x(x-2) = 0 \qquad u''(x) = -4x + 4.$$

Man erhält für $x = 0$ ein Minimum $f(0) = -1$ und für $x = 2$ ein Maximum $f(2) = \frac{5}{3}$.

3. Die Funktion $f = \frac{1}{x^2(a-x)^2}$ wird für $x = a$ ein Max., für $x = 0$ ein Max. und für $x = \frac{a}{2}$ ein Min.

§ 52. Maxima und Minima einer Funktion von zwei unabhängigen Veränderlichen.

Um die Bedingungen für die Maxima und Minima der Funktion

$$z = f(x\,y) \tag{1}$$

von zwei unabhängigen Veränderlichen x und y zu erhalten, nehmen wir letztere als ganz beliebige Funktionen φ und ψ einer neuen Veränderlichen t an:

$$x = \varphi(t), \quad y = \psi(t),$$

dann wird nach § 50 z ein Maximum oder Minimum sein, wenn

$$\frac{dz}{dt} = \frac{\partial f}{\partial x}\frac{dx}{dt} + \frac{\partial f}{\partial y}\frac{dy}{dt} = 0 \text{ oder}$$

$$\frac{dz}{dt} = \frac{\partial f}{\partial x}\varphi'(t) + \frac{\partial f}{\partial y}\psi'(t) = 0 \text{ ist.} \tag{2}$$

Da aber hierin φ und ψ völlig willkürliche Funktionen sind, so kann diese Bedingung nur bestehen, wenn die Koeffizienten von $\varphi'(t)$ und $\psi'(t)$ gleich Null sind. Die Bedingungen für ein Maximum oder Minimum sind also angegeben durch

$$\frac{\partial f}{\partial x} = 0, \quad \frac{\partial f}{\partial y} = 0, \tag{3}$$

welche zur Ermittlung der Maximal- oder Minimalwerte von f hinreichen.

Hat man hieraus die gemeinschaftlichen Werte x y berechnet, so erübrigt noch nachzusehen, ob ein solches Wertepaar einem Maximum oder Minimum von f entspricht.

Das erstere, bezw. letztere ist der Fall, je nachdem

$$\frac{d^2 z}{d t^2} \lessgtr 0 \text{ ist.}$$

Leitet man die Gleichung (2) mit Berücksichtigung von (3) weiter nach t ab, so folgt:

$$\frac{d^2 z}{d t^2} = \frac{\partial^2 f}{\partial x^2} \varphi'^2 + 2 \frac{\partial^2 f}{\partial x \partial y} \varphi' \psi' + \frac{\partial^2 f}{\partial y^2} \psi'^2. \tag{4}$$

Soll dieser zweite Differentialquotient zur Entscheidung führen, so darf er in erster Linie nicht verschwinden.

Es dürfen also nicht gleichzeitig die Gleichungen erfüllt sein:

$$\frac{\partial^2 f}{\partial x^2} = 0, \quad \frac{\partial^2 f}{\partial x \partial y} = 0, \quad \frac{\partial^2 f}{\partial y^2} = 0. \tag{5}$$

Die in (4) auftretenden zweiten Differentialquotienten sind konstante Grössen, weil sie mit den aus (3) hervorgehenden Werten von x und y zu bilden sind. Bezeichnen wir sie mit A, B, C, so lässt sich der Ausdruck (4) auch schreiben

$$A\varphi'^2 + 2B\varphi'\psi' + C\psi'^2$$
$$= \frac{1}{A}[(A\varphi' + B\psi')^2 + (AC - B^2)\psi'^2].$$

Diese Form giebt zu erkennen, dass derselbe positiv bleibt, wenn $AC - B^2 > 0$ und zugleich $A > 0$ ist. Die Funktion ist dann ein Minimum.

Ist dagegen $AC - B^2 > 0$ und $A < 0$, so kann der Ausdruck nur negativ werden, wie man auch φ' und ψ' wählen mag. Die Funktion ist dann ein Maximum. Ist aber $AC - B^2 < 0$, so kann man, da φ und ψ, also auch φ' und ψ' ganz willkürliche Funktionen sind, diese nach Belieben so wählen, dass der Ausdruck bald positiv, bald negativ wird. Somit gilt der

Satz: Die Maximal- und Minimalwerte der Funktion

$$z = f(xy)$$

ergeben sich aus den beiden Gleichungen

$$\frac{\partial f}{\partial x} = 0, \quad \frac{\partial f}{\partial y} = 0. \qquad (3)$$

Dem Wertepaar xy entspricht alsdann ein Maximum oder Minimum, wenn

$$\frac{\partial^2 f}{\partial x^2} \cdot \frac{\partial^2 f}{\partial y^2} - \left(\frac{\partial^2 f}{\partial x \partial y}\right)^2 > 0 \qquad (6)$$

und zwar tritt das erstere, bezw. letztere ein, je nachdem

$$\frac{\partial^2 f}{\partial x^2} \lessgtr 0 \text{ ist.} \qquad (7)$$

Beispiele.

1. Die Strecke a in drei Teile zu teilen, dass ihr Produkt ein Max. oder Min. wird. — Aus

$$z = xy(a - x - y)$$

folgt

$$\frac{\partial z}{\partial x} = ya - 2xy - y^2, \quad \frac{\partial z}{\partial y} = xa - x^2 - 2xy.$$

Ein Max. ergiebt sich für $x = y = \frac{a}{3}$ und zwar erhält z den Wert $z = \frac{a^3}{27}$.

2. Welches rechtwinklige Parallelflach hat bei gegebener Oberfläche den grössten Inhalt? Man findet, dass dies ein Würfel ist.

3. Man soll in einen Kreis ein Dreieck von grösstem Umfang zeichnen.

Sind die zu den Seiten gehörigen Centriwinkel $\varphi_1, \varphi_2, 180 - \varphi_1 - \varphi_2$, so ist zu untersuchen der Ausdruck

$$y = \sin\frac{\varphi_1}{2} + \sin\frac{\varphi_2}{2} + \cos\frac{\varphi_1 + \varphi_2}{2}.$$

Man findet ein Max. für $\varphi_1 = \varphi_2 = 120^0$. Das gleichseitige Dreieck hat den grössten Umfang.

§ 53. **Maxima und Minima mit Nebenbedingungen.**

1. Soll die Funktion $z = f(x\,y)$ (1)
zweier Veränderlichen x und y, zwischen denen die Nebenbedingung besteht

$$\varphi(x\,y) = 0 \tag{2}$$

ein Maximum oder Minimum werden, so könnte man sich den Wert von y aus (2) berechnet und in (1) eingesetzt denken und bei der Bestimmung der Maxima und Minima wie in § 50 verfahren.

Die Bedingung für ein Maximum oder Minimum ist

$$\frac{dz}{dx} = \frac{\partial f}{\partial x} + \frac{\partial f}{\partial y} y' = 0. \tag{3}$$

Aus Gleichung (2), erhält man durch Differentiation nach x zur Bestimmung von y'

$$\frac{\partial \varphi}{\partial x} + \frac{\partial \varphi}{\partial y} y' = 0, \qquad (4)$$

womit die Bedingung (3) übergeht in

$$\frac{\partial f}{\partial x} \frac{\partial \varphi}{\partial y} - \frac{\partial f}{\partial y} \cdot \frac{\partial \varphi}{\partial x} = 0, \qquad (5)$$

die mit $\varphi(x\,y) = 0$ zur Ermittlung der Maximal- und Minimalwerte von x und y hinreicht.

Anstatt in dieser Weise zu verfahren, die häufig mit Schwierigkeiten verbunden ist, kann man auch $\varphi(x\,y)$ mit dem Faktor λ multiplizieren und in

$$z = f(x\,y) + \lambda \varphi(x\,y)$$

die Grössen $x\,y\,\lambda$ so bestimmen, dass diese Funktion ein Maximum oder Minimum wird. Dies ist nach § 52 der Fall, wenn die drei Bedingungen erfüllt sind

$$\frac{\partial z}{\partial x} = 0, \ \frac{\partial z}{\partial y} = 0, \ \frac{\partial z}{\partial \lambda} = 0 \text{ oder} \qquad (6)$$

$$\frac{\partial (f + \lambda \varphi)}{\partial x} = 0, \ \frac{\partial (f + \lambda \varphi)}{\partial y} = 0, \ \varphi(x\,y) = 0 \qquad (6)',$$

die zur Berechnung der Maximal- und Minimalwerte von $z = f(x\,y)$ hinreichen.

Die Funktion z wird alsdann ein Maximum oder Minimum, je nachdem

$$\frac{d^2 z}{dx^2} = \frac{\partial^2 f}{\partial x^2} + 2 \frac{\partial^2 f}{\partial x \partial y} y' + \frac{\partial^2 f}{\partial y^2} y'^2 + \frac{\partial f}{\partial y} y'' \lessgtr 0 \text{ ist.}$$

Beispiele.

1. Für welche Werte von x und y wird $z = x\,y$ ein Max. oder Min., wenn dieselben durch die Bedingungen verbunden sind:

$$\varphi = x^2 + a\,y - b^2 = 0.$$

Man untersuche die Funktion

$$z = x\,y + \lambda (x^2 + a\,y - b^2),$$

und findet aus

$$\frac{\partial z}{\partial x} = y + 2\lambda x = 0,\ \frac{\partial z}{\partial y} = x + a\lambda = 0,\ x^2 + ay - b^2 = 0$$

die Wertepaare $x = \pm \frac{b}{\sqrt{3}}$, $y = \frac{2}{3}\frac{b^2}{a}$, die zufolge $\frac{d^2 z}{dx^2} = -\frac{6x}{a}$ einem Max., bezw. Min. entsprechen.

2. Aus einem kreisförmigen Stamm einen Balken von grösster Tragkraft zu zimmern.

Die Tragkraft ist proportional der Breite x und dem Quadrat der Höhe y; daher soll ein Max. oder Min. werden $z = xy^2$, wo x und y durch die Gleichung verbunden sind $\varphi = x^2 + y^2 - r^2 = 0$.

Man untersuche die Funktion

$$z = xy^2 + \lambda(x^2 + y^2 - r^2)$$

und findet aus

$$\frac{\partial z}{\partial x} = y^2 + 2\lambda x = 0,\ \frac{\partial z}{\partial y} = 2xy + 2\lambda y = 0$$

ein Max. für $x = r\sqrt{\frac{1}{3}}$, $y = r\sqrt{\frac{2}{3}}$.

3. Um ein Rechteck eine Ellipse von kleinstem Flächeninhalt zu beschreiben.

Sind a und b die halben Rechteckseiten, x und y die Halbaxen der Ellipse, so soll ein Minimum werden $J = xy\pi$ oder $z = xy$, wo zwischen x und y die Gleichung besteht $\frac{a^2}{x^2} + \frac{b^2}{y^2} - 1 = 0$.

Man findet für $x = a\sqrt{2}$, $y = b\sqrt{2}$ das Minimum $J = 2ab\pi$.

§ 54. Allgemeine Aufgabe über Maxima und Minima mit Nebenbedingungen.

Soll die Funktion

$$z = f(x_1\, x_2 \ldots x_{m+n}) \qquad (1)$$

für die $m + n$ Veränderlichen $x_1\, x_2 \ldots x_{m+n}$ ein Maximum oder Minimum werden, wenn die letzteren durch n Nebenbedingungen verbunden sind

$$\left.\begin{array}{l} \varphi_1(x_1\, x_2 \ldots x_{m+n}) = 0 \\ \varphi_2(x_1\, x_2 \ldots x_{m+n}) = 0 \\ \quad \ldots \\ \quad \ldots \\ \varphi_n(x_1\, x_2 \ldots x_{m+n}) = 0 \end{array}\right\} \qquad (2)$$

so kann man m der Veränderlichen gleich beliebigen Funktionen einer neuen Veränderlichen t setzen und die übrigen mit Hilfe der Gleichungen (2) ebenfalls in t ausdrücken. Die so gewonnenen Funktionen seien

$$x_1 = \psi_1(t),\ x_2 = \psi_2(t),\ \ldots,\ x_m = \psi_m(t),\ \ldots,$$
$$x_{m+n} = \psi_{m+n} \qquad (3)$$

dann wird die Funktion (1), die nach (3) eine Funktion von t allein ist, ein Maximum oder Minimum, wenn

$$0 = \frac{dz}{dt} = \frac{\partial f}{\partial x_1}\frac{dx_1}{dt} + \frac{\partial f}{\partial x_2}\frac{dx_2}{dt} + \ldots + \frac{\partial f}{\partial x_{m+n}}\frac{dx_{m+n}}{dt}. \qquad (4)$$

Da aber die Veränderlichen $x_1\, x_2 \ldots x_{m+n}$ durch die Gleichungen (2) zusammenhängen, so ist auch

$$0 = \frac{\partial \varphi_i}{\partial x_1}\frac{dx_1}{dt} + \frac{\partial \varphi_i}{\partial x_2}\frac{dx_2}{dt} + \ldots \quad + \frac{\partial \varphi_i}{\partial x_{m+n}}\frac{dx_{m+n}}{dt} \qquad (5)$$
$$(i = 1, 2, \ldots, n).$$

Nun könnte man aus den Gleichungen (4) und (5) die n Ableitungen $\frac{dx_{m+1}}{dt}, \frac{dx_{m+2}}{dt}, \ldots, \frac{dx_{m+n}}{dt}$ eliminieren und z in Funktion der übrigen willkürlich gewählten Funktionen von $\frac{dx_1}{dt}, \frac{dx_2}{dt}, \ldots, \frac{dx_m}{dt}$ ausdrücken.

Diese Elimination kann auch dadurch ausgeführt werden, dass man die Gleichungen (5) der Reihe nach mit den Faktoren $\lambda_1, \lambda_2, \ldots, \lambda_n$ multipliziert und zu (4) addiert

$$z = f + \lambda_1 \varphi_1 + \lambda_2 \varphi_2 + \ldots + \lambda_n \varphi_n$$

und hierin diese n Faktoren so bestimmt, dass die Koeffizienten der n Ableitungen $\frac{dx_{m+1}}{dt}, \ldots, \frac{dx_{m+n}}{dt}$ verschwinden. Da nun aber die Koeffizienten der übrigen m Ableitungen beliebig gewählte Funktionen von t sind, so müssen auch deren Koeffizienten verschwinden. Es müssen also die Gleichungen bestehen:

$$\left.\begin{aligned}
0 &= \frac{\partial f}{\partial x_1} + \lambda_1 \frac{\partial \varphi_1}{\partial x_1} + \lambda_2 \frac{\partial \varphi_2}{\partial x_1} + \ldots + \lambda_n \frac{\partial \varphi_n}{\partial x_1} \\
0 &= \frac{\partial f}{\partial x_2} + \lambda_2 \frac{\partial \varphi_1}{\partial x_2} + \lambda_2 \frac{\partial \varphi_2}{\partial x_2} + \ldots + \lambda_n \frac{\partial \varphi_n}{\partial x_2} \\
&\ldots \\
&\ldots \\
0 &= \frac{\partial f}{\partial x_{m+n}} + \lambda_1 \frac{\partial \varphi_1}{\partial x_{m+n}} + \lambda_2 \frac{\partial \varphi_2}{\partial x_{m+n}} + \ldots + \lambda_n \frac{\partial \varphi_n}{\partial x_{m+n}}
\end{aligned}\right\} (6)$$

die mit den Gleichungen (2) zur Bestimmung der $m + 2n$ Unbekannten $x_1\, x_2 \ldots x_{m+n}$, $\lambda_1\, \lambda_2 \ldots \lambda_n$ hinreichen.

Satz. Um die Maxima und Minima der Funktion $z = f(x_1\, x_2 \ldots x_{m+n})$ bei n vorhandenen Nebenbedingungen (2) zu bestimmen, betrachte man unter der Voraussetzung konstanter Multiplikatoren $\lambda_1\, \lambda_2 \ldots \lambda_n$

$$F(x_1 x_2 \ldots x_{m+n}) = f + \lambda_1 \varphi_1 + \lambda_2 \varphi_2 + \ldots \lambda_n \varphi_n$$

als eine Funktion der unabhängigen Veränderlichen $x_1 x_2 \ldots x_{m+n}$ und suche die Maxima und Minima dieser Funktion zu ermitteln. Diese ergeben sich nach § 52 aus den Gleichungen

$$\frac{\partial F}{\partial x_1} = 0, \quad \frac{\partial F}{\partial x_2} = 0, \quad \ldots, \quad \frac{\partial F}{\partial x_{m+n}} = 0,$$

die mit den n Bedingungen (2) zur Berechnung der $m+2n$ Unbekannten $x_1 x_2 \ldots x_{m+n}$, $\lambda_1 \lambda_2 \ldots \lambda_n$ ausreichen.

Ein schönes Beispiel hiefür bietet die

Aufgabe.*) Auf jeder der n Geraden

$$\varphi = \alpha_i x - \beta_i y + c_i = 0 \quad (i = 1, 2, 3, \ldots, n)$$

soll ein Punkt P_i so bestimmt werden, dass das n-Eck, welches die Punkte der Nummernfolge zu Ecken hat, einen grössten oder kleinsten Flächeninhalt bekomme. Geometrische Deutung des Ergebnisses.

Der Flächeninhalt des n-Ecks ist bekanntlich gleich der Hälfte des Ausdrucks

$$\psi = (x_1 y_2 - y_1 x_2) + (x_2 y_3 - y_2 x_3) + \ldots \\ + (x_{n-1} y_n - y_{n-1} x_n) + (x_n y_1 - y_n x_1).$$

Daher soll ein Max. oder Min. werden

$$z = \psi + \lambda_1 \varphi_1 + \lambda_2 \varphi_2 + \ldots + \lambda_n \varphi_n, \tag{a}$$

wofür die Bedingungen angegeben sind durch

$$\frac{\partial z}{\partial x_i} = 0, \quad \frac{\partial z}{\partial y_i} = 0$$

$$(i = 1, 2, 3, \ldots, n),$$

die mit den n Bedingungen

*) Aus dem württemb. Professoratsexamen vom Jahr 1886.

$$\varphi_i = \alpha_i x_i - \beta_i y_i + c_i = 0$$

zur Berechnung der 3 n Unbekannten $x_i y_i$; λ_i hinreichen.

Durch partielle Ableitung der Funktion (a) nach x_k und y_k erhält man beispielsweise die beiden Gleichungen

$$y_{k-1} - y_{k+1} + \lambda_k \alpha_k = 0, \quad x_{k-1} - x_{k+1} + \lambda_k \beta_k = 0$$

und hieraus durch Elimination von λ die weitere Gleichung

$$\frac{y_{k-1} - y_{k+1}}{x_{k-1} - x_{k+1}} = \frac{\alpha_k}{\beta_k},$$

die zu erkennen giebt, dass der Richtungskoeffizient der Geraden $\varphi_k = \alpha_k x - \beta_k y + c_k = 0$ gleich dem Richtungskoeffizienten der ersten Diagonale $P_{k-1} P_{k+1}$ des n-Ecks ist, d. h.

das n-Eck $P_1 P_2 \ldots P_n$ wird ein Minimum, wenn seine Ecken so auf den Geraden φ zu liegen kommen, dass die n ersten Diagonalen desselben $P_1 P_3$, $P_2 P_4$, $P_3 P_5$, ..., $P_n P_2$ parallel zu den Geraden φ_2, φ_3, φ_4, ..., φ_1 sind.

Interessant gestalten sich die speziellen Fälle $n = 3, 4, 5$, etc., die hier nicht weiter ausgeführt werden sollen.

Dieser Aufgabe gegenüber steht die folgende:

Durch jeden der Punkte $P_1 P_2 \ldots P_n$ eine Gerade φ_i $(i = 1, 2, \ldots, n)$ zu legen, so dass das n-Eck, welches aus den Schnittpunkten der letzteren der Nummernfolge nachgebildet wird, einen grössten oder kleinsten Flächeninhalt erhalte. Geometrische Deutung des Ergebnisses.

VIII. Abschnitt.

Anwendung der Analysis auf die Geometrie.

§ 55. Die Schnittpunkte einer Geraden mit der Kurve. Tangente und Normale.

Mit den bis jetzt gewonnenen Hilfsmitteln der Analysis lassen sich eine Reihe auf die Theorie der Kurven bezügliche Fragen erledigen.

1. Ist $y = f(x)$ oder $F(xy) = 0$ (1)
die Gleichung einer ebenen Kurve, so liegt irgend ein Punkt P derselben mit der Abscisse x offenbar oberhalb oder unterhalb der Abscissenaxe, je nachdem die zugehörige Ordinate y, die sich aus einer der Gleichungen (1) berechnet, positiv oder negativ ist.

2. Aus $f(x) = 0$ oder $F(x, 0) = 0$
ergeben sich die Abscissen der Schnittpunkte der Kurve mit der x-Axe, vorausgesetzt, dass y direkt vor oder nach einem solchen Punkt sein Zeichen wechselt. Findet dieser Wechsel nicht statt, so ist die x-Axe Tangente an die Kurve.

3. Die Gerade $y = \alpha x + \beta$ schneidet die Kurve $F(xy) = 0$ in Punkten, deren Abscissen sich aus

$$F(x, \alpha x + \beta) = 0$$

berechnen.

4. Erklärung. Eine Tangente ist eine Sekante, welche die Kurve in zwei unendlich benachbarten Punkten schneidet.

Nach § 14 ist der Richtungskoeffizient der Tangente angegeben durch

$$y' = f'(x) \text{ oder durch } y' = -\frac{\partial F}{\partial x} : \frac{\partial F}{\partial y}$$

und daher ihre Gleichung dargestellt durch:

$$\left.\begin{aligned} &\eta - y = y'(\xi - x) \text{ bezw.} \\ &(\xi - x)\frac{\partial F}{\partial x} + (\eta - y)\frac{\partial F}{\partial y} = 0, \end{aligned}\right\} \quad (2)$$

wo ξ, η die laufenden Koordinaten bezeichnen.

Ist die Kurvengleichung in Parameterform

$$x = \varphi(t), \quad y = \psi(t)$$

gegeben, so ist $\frac{dx}{dt} = \varphi'(t)$, $\frac{dy}{dt} = \psi'(t)$ und

$\frac{dy}{dx} = \frac{\varphi'(t)}{\psi'(t)}$. Somit ist für diesen Fall die Gleichung der Tangente

$$(\eta - y)\varphi'(t) - (\xi - x)\psi'(t) = 0. \quad (3)$$

5. **Erklärung.** Normale ist eine gerade Linie, welche im Berührungspunkt auf der Tangente senkrecht steht.

Ihr Richtungskoeffizient ist demnach angegeben durch $-\frac{1}{y'} = -\frac{dx}{dy}$.

Den Tangentengleichungen (2) und (3) entsprechen daher als zugehörige Gleichungen der Normalen

$$\left.\begin{aligned} &(\eta - y)\,y' + (\xi - x) = 0 \\ &(\eta - y)\frac{\partial F}{\partial x} - (\xi - x)\frac{\partial F}{\partial y} = 0 \\ &(\eta - y)\psi'(t) + (\xi - x)\varphi'(t) = 0 \end{aligned}\right\} \quad (4)$$

Beispiele.

1. **Kreis.** $x^2 + y^2 = r^2$

$$2x + 2yy' = 0, \quad y' = -\frac{x}{y}.$$

Gleichung der Tangente: $\eta - y = -(\xi - x)\frac{x}{y}$ oder

$$\eta y + \xi x - r^2 = 0.$$

„ „ Normale: $\eta = \frac{y}{x}\xi$.

2. Ellipse. $\frac{x^2}{a^2} + \frac{y^2}{b^2} - 1 = 0$

Gleichung der Tangente: $\frac{\xi x}{a^2} + \frac{\eta y}{b^2} - 1 = 0$

„ „ Normale: $\eta - y = \frac{a^2 y}{b^2 x}(\xi - x)$.

§ 56. Bestimmung der Asymptoten.

1. Erklärung. Asymptote ist eine gerade Linie, welche sich der Kurve mehr und mehr nähert, ohne je mit ihr zusammenzutreffen. Dieselbe kann als Tangente in einem unendlich fernen Kurvenpunkte angesehen werden.

Es sei $y = f(x)$ die Gleichung der gegebenen Kurve, so ist nach dem vorigen § die Gleichung der Tangente im Punkt $P(xy)$

$$\eta - y = f'(x)\ (\xi - x) \text{ oder}$$

$$\eta = \xi\,(f'(x) + f(x) - x f'(x).$$

Nähern sich hierin für $x = \infty$ die Ausdrücke $f'(x)$ und $f(x) - x f'(x)$ den Grenzwerten A und B, d. h. ist

$$\lim_{x=\infty} f'(x) = A, \quad \lim_{x=\infty} \big(f(x) - x f'(x)\big) = B,$$

so ist $\eta = A\xi + B$

die Gleichung der Asymptote.

Beispiel.

Aus $\frac{x^2}{a^2} - \frac{y^2}{b^2} = 1$ folgt

$$y = \pm \frac{b}{a} \sqrt{x^2 - a^2}, \quad y' = \pm \frac{2bx}{a\sqrt{x^2 - a^2}} \text{ und hieraus}$$

$$\lim_{x=\infty} y' = \pm \frac{b}{a}, \quad \lim_{x=\infty} (fy - xy') = 0.$$

Daher sind die Gleichungen der Asymptoten angegeben durch

$$\eta = \pm \frac{b}{a} \xi.$$

2. Ist die Kurvengleichung in der impliziten Form $F(xy) = 0$ gegeben, wo F eine rationale Funktion von x und y darstellt, die vielleicht nicht nach y aufgelöst werden kann, so ist die Gerade $y = mx + n$ eine Asymptote von F, wenn zwei ihrer Schnittpunkte mit F ins Unendliche fallen. Dies ist der Fall, wenn in der Abscissenschnittpunktsgleichung

$$F(x, mx + n) = 0$$

nicht nur der Koeffizient des höchsten Glieds, sondern auch der des nächsthöchsten Glieds von x verschwindet.

Für die Kurve $F(xy) = x^3 - xy^2 - a(x^2 - y^2) = 0$ sei $y = mx + n$ Asymptote, dann erhält man m und n, indem man in der Abscissenschnittpunktsgleichung

$$F(x, mx + n) = x^3(1 - m^2) - x^2(am^2 + a + 2mn) \\ - x(n^2 + 2mn) - an^2 = 0$$

die Koeffizienten von x^3 und x^2 gleich Null setzt:

$$1 - m^2 = 0, \quad am^2 + a + 2mn = 0.$$

Hieraus folgt

$$1) \; m = +1 \qquad 2) \; m = -1$$
$$n = -a \qquad n = +a,$$

daher sind die Linien

$$y = x - a \quad \text{und} \quad y = -x + a$$

Asymptoten der gegebenen Kurve.

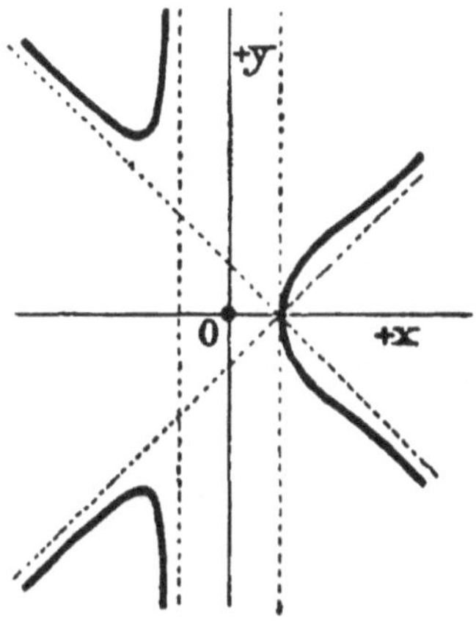

Fig. 28.

3. Wenn in der Gleichung $F(xy) = 0$ x oder y ein Faktor der Glieder höchsten Grads ist, so hat die Kurve eine Asymptote parallel zur y-Axe oder parallel zur x-Axe. Um diese zu erhalten, setze man $x = c$ bezw. $y = c$ und bestimme c so, dass der Koeffizient von y^{n-1} bezw. x^{n-1} verschwindet.

In obigem Beispiel ist x Faktor der Glieder dritten Grads, daher hat die Kurve eine Asymptote parallel zur y-Axe. Diese sei $x = c$, dann berechnet sich c aus der Gleichung

$$F(c, y) = -y^2(c + a) + c^3 - a c^3 = 0,$$

indem man den Koeffizienten von y^2, d. h.

$$c + a = 0 \quad \text{oder} \quad c = -a$$

setzt. Die Gerade $x = -a$ ist somit Asymptote der Kurve. Da mit $c = -a$ auch der Koeffizient von y in dieser Gleichung verschwindet, so liegen in der Geraden $x = -a$ drei Punkte im Unendlichen, d. h. dieselbe ist Wendeasymptote der Kurve.

§ 57. Länge der Tangente, Normale, Subtangente, Subnormale.

Erklärung. Unter der Länge der Tangente T, bzw. der Normalen N versteht man die Entfernung des Berührungspunkts vom Schnittpunkt der Tangente, bzw. Normalen von der x-Axe. Subtangente S_t und Subnormale S_n sind die Projektionen jener Strecken auf die x-Axe.

In Figur 29 ist $PC = T =$ Länge der Tangente,

$PD = N =$ „ „ Normalen,

$CA = S_t =$ „ „ Subtangente,

$AD = S_n =$ „ „ Subnormalen.

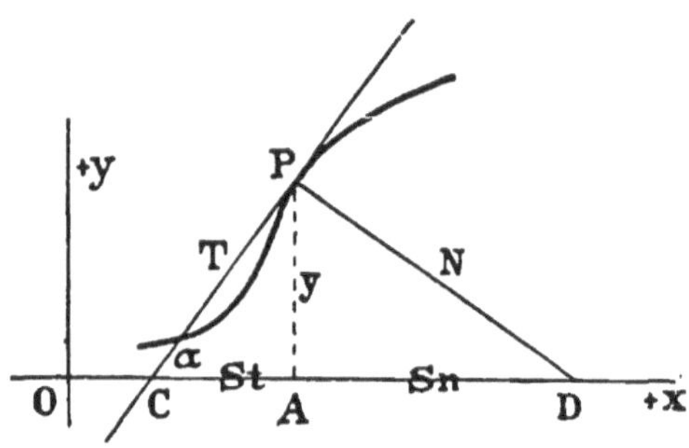

Fig. 29.

Setzt man in der Tangenten- bzw. Normalengleichung $\eta = 0$, so folgt

$$0C = \xi = \frac{1}{y'}(xy' - y), \quad 0D = \xi = x + yy'$$

und somit als

$$\left.\begin{aligned} &\text{Subtangente } CA = S_t = \frac{y}{y'} \text{ und} \\ &\text{Subnormale } AD = S_n = yy' \end{aligned}\right\} \quad (1)$$

Aus den rechtwinkligen Dreiecken APC und PAD folgt weiter als Länge der

$$\left.\begin{array}{l}\text{Tangente } PC = T = \frac{y}{y'}\sqrt{1+y'^2},\\ \text{Normalen } PD = N = y\sqrt{1+y'^2}\end{array}\right\}\quad (2)$$

Beispiele.

1. Für die Parabel $y^2 = 2px$ ist

$y' = \sqrt{\frac{p}{2x}} = \frac{p}{y}$, daher

$S_t = 2x$, $S_n = p$, $T = \sqrt{2x(p+2x)}$, $N = \sqrt{p^2+y^2}$.

Satz. Die Parabel ist die einzige Kurve, deren Subnormale konstant ist.

2. Für die Exponentialkurve $y = ae^{\frac{x}{a}}$ folgt

$S_t = a$, $S_n = ae^{\frac{2x}{a}}$, $T = a\sqrt{1+e^{\frac{2x}{a}}}$, $N = ae^{\frac{x}{a}}\sqrt{1+e^{\frac{2x}{a}}}$

Satz. Die Exponentialkurve ist eine Kurve, deren Subtangente konstant ist.

3. Für die Ellipse $\frac{x^2}{a^2} + \frac{y^2}{b^2} - 1 = 0$ ist

$y = \frac{b}{a}(a^2 - x^2)^{\frac{1}{2}}$, $y' = -\frac{b}{a}x(a^2 - x^2)^{-\frac{1}{2}}$,

daher

$$S_t = -\frac{1}{x}(a^2 - x^2), \quad S_n = -\frac{b^2}{a^2}x$$

$$T = -\frac{1}{ax}(a^2 - x^2)^{\frac{1}{2}}(a^4 - e^2x^2)^{\frac{1}{2}},$$

$$N = \frac{b}{a^2}(a^4 - e^2x^2)^{\frac{1}{2}},$$

wo $e^2 = a^2 - b^2$ gesetzt ist.

4. Für die Hyperbel $\frac{x^2}{a^2} - \frac{y^2}{b^2} - 1 = 0$ ergiebt sich ebenso

$$y = \frac{b}{a}(x^2 - a^2)^{\frac{1}{2}} \quad y' = \frac{b}{a}\, x\, (x^2 - a^2)^{-\frac{1}{2}},$$

somit

$$S_t = \frac{1}{x}(x^2 - a^2), \quad S_n = \frac{b^2}{a^2}\, x$$

$$T = \frac{1}{a\,x}(x^2 - a^2)^{\frac{1}{2}}\,(e^2 x^2 - a^4)^{\frac{1}{2}}, \; N = \frac{b}{a^2}(e^2 x^2 - a^4)^{\frac{1}{2}},$$

wo $e^2 = a^2 + b^2$ gesetzt ist.

§ 58. Steigen und Fallen einer Kurve. Maximal- und Minimalstellen derselben.

Erklärung. Wenn für einen Punkt P der Kurve f(xy) mit den Koordinaten x und y die Ableitung $\frac{dy}{dx} = \operatorname{tg}\alpha$ positiv oder negativ ist oder $\operatorname{tg}\alpha \gtrless 0$, so sagt man, die Kurve steige oder falle in diesem Punkt, wo α den Winkel bezeichnet, den die Kurventangente im Punkt P mit der positiven x-Axe macht.

Ist nämlich der Winkel $\alpha \lessgtr 90^0$, so ist die trigonometrische Tangente desselben $\operatorname{tg}\alpha = \frac{dy}{dx} \gtrless 0$, d. h. positiv oder negativ.

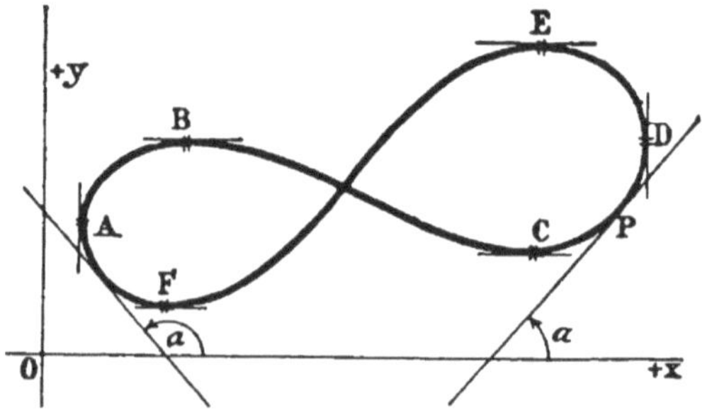

Fig. 30.

Die Kurve f (Fig. 30) steigt für alle Punkte der Kurvenzweige AB, CD, EF und fällt in allen Punkten von BC, DE, FA. In den Punkten ABCDEF, in denen der Uebergang vom Steigen zum Fallen oder umgekehrt stattfindet, ist $\alpha = 0$ oder $\alpha = \frac{\pi}{2}$ und die Kurventangente parallel zur x-Axe oder parallel zur y-Axe.

Den Punkten B, E; C, F entspricht ein Maximum oder Minimum der Funktion f(xy). Man berechnet die Koordinaten desselben aus

$$f(xy) = 0 \text{ und } \frac{dy}{dx} = 0.$$

Der Punkt D, bzw. A repräsentiert eine Maximal- bzw. Minimalstelle hinsichtlich der y-Axe. Die Koordinaten dieser Punkte ergeben sich aus

$$f(xy) = 0 \text{ und } \frac{dx}{dy} = 0.$$

§ 59. Konvexität und Konkavität der Kurven. Wendepunkte derselben.

Erklärung. Der Kurvenbogen PQ kehrt der Abscissenaxe die konkave bzw. konvexe Seite zu, wenn die Sehne PQ zwischen dem Bogen und der x-Axe, bzw. der Bogen zwischen der Sehne und der x-Axe liegt.

Ist E ein Punkt der Kurve zwischen den Punkten P und Q, dessen Ordinate EC ist, so kehrt die Kurve der x-Axe die konvexe, bzw. konkave Seite zu, je nachdem die Differenz

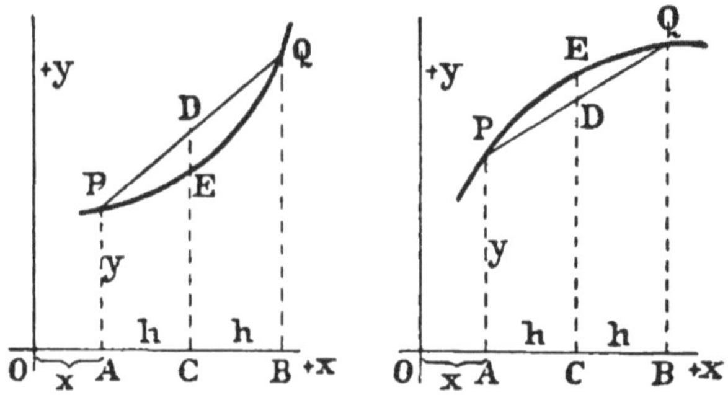

Fig. 31.

$$CE - CD \lessgtr 0 \text{ ist.}$$

Setzen wir $0A = x$, $AC = CB = h$, so ist

$$AP = y = f(x) \text{ und}$$

$$CE = f(x+h) = f(x) + \frac{h}{1!} f'(x) + \frac{h^2}{2!} f''(x) + R$$

$$BQ = f(x+2h) = f(x) + \frac{2h}{1!} f'(x) + \frac{4h^2}{2!} f''(x) + R_1.$$

Hieraus folgt

$$CD = \frac{1}{2}(PA + BQ) = \frac{1}{2}\left\{f(x) + f(x) + \frac{2h}{1!} f'(x) + \frac{4h^2}{2!} f''(x) + \ldots + R_1\right\}$$

$$= f(x) + h f'(x) + h^2 f''(x) + \ldots + \frac{1}{2} R_1.$$

Damit erhält man

$$CE - CD = -\frac{h^2}{2!} f''(x) + R - \frac{1}{2} R_1. \quad (1)$$

Nun sind aber R und R_1 hinsichtlich h unendlich kleine Grössen dritter Ordnung, und es kann stets h so klein gewählt werden, dass das Zeichen der rechten Seite der Gleichung (1), also auch das Zeichen der

Differenz $CE - CD$ nur von dem ersten Glied rechts oder von $f''(x)$ abhängt. Die Kurve wird also in einem bestimmten Punkt konvex oder konkav gegen die x-Axe sein, je nachdem für diesen Punkt

$$f''(x) \lessgtr 0 \text{ ist.}$$

Dabei wurde vorausgesetzt, dass die Kurve oberhalb der Abscissenaxe liege, y also positiv ist. Allgemein gilt der

Satz. Eine Kurve kehrt in einem bestimmten Punkt der Abscissenaxe die konvexe oder konkave Seite zu, je nachdem das Produkt

$$y f''(x) = \frac{y\,d^2 y}{d x^2} \lessgtr 0 \text{ ist.}$$

2. **Erklärung.** Wendepunkte oder Inflexionspunkte sind solche Punkte der Kurve, in denen sie von der konvexen Krümmung zur konkaven übergeht und umgekehrt. Siehe Fig. 32 und 33.

Hiebei muss $y'' = f''(x)$ von positiven Werten zu negativen übergehen und umgekehrt. Ein solcher Zeichenwechsel kann aber offenbar nur stattfinden, wenn $f''(x)$ an der Uebergangsstelle durch Null hindurchgeht. Somit gilt der

Satz. Für jeden Wendepunkt ist

$$\frac{d^2 y}{d x^2} = y'' = f''(x) = 0.$$

Diese Gleichung dient zur Berechnung der Abscissen der Wendepunkte.

Beispiele.

1. Die Parabel $y = a x^3$ hat im Ursprung einen Wendepunkt mit $y = 0$ als Tangente. Die Kurve ver-

hält sich in allen Punkten konvex gegen die x-Axe. Fig. 17.

2. Für die Kurve 3. Ordnung

$$x\,y^2 = a^2\,(a - x)$$

erhalten wir $y = \pm a\sqrt{\frac{a}{x} - 1}$ und zur Bestimmung der Wendepunkte $y'' = \mp \frac{a}{2}\left(2x - \frac{3a}{2}\right)x^{-4}\left(\frac{a}{x} - 1\right)^{-\frac{3}{2}}$.

Die Wendepunkte liegen also auf der Geraden

$$2x - \frac{3a}{2} = 0 \text{ oder } x = \frac{3}{4}\,a.$$

Für $x > \frac{3a}{4}$ ist die Kurve konkav, für $x < \frac{3a}{4}$ konvex gegen die x-Axe gekrümmt. Fig. 32.

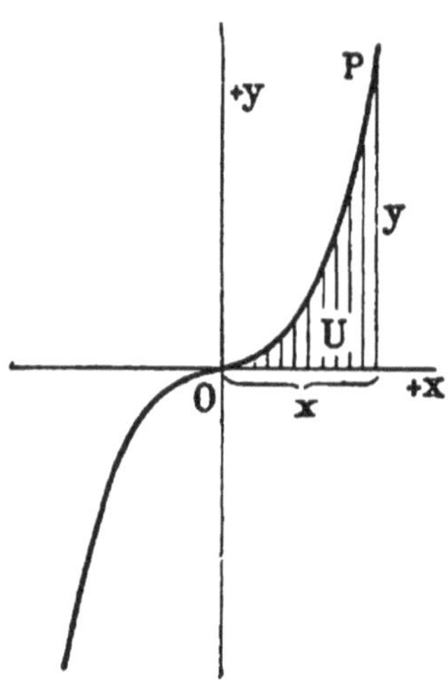

Fig. 17.

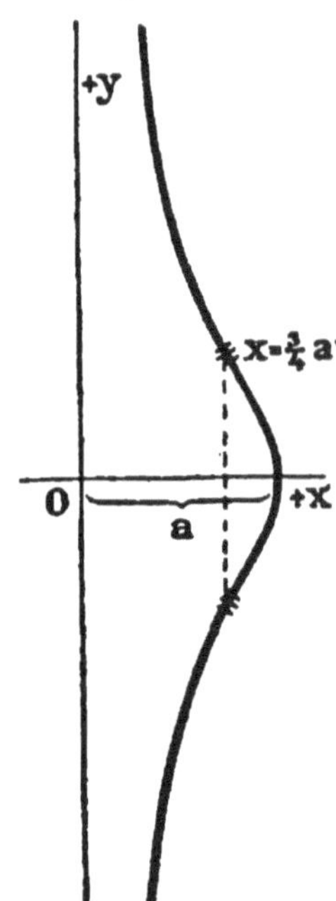

Fig. 32.

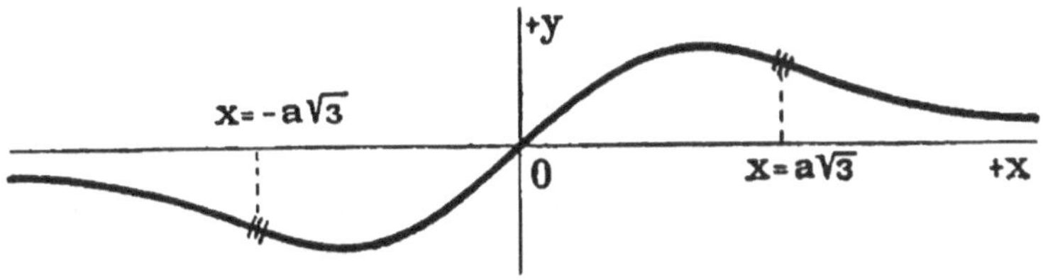

Fig. 33.

3. Die Kurve $y = \frac{a^2 x}{a^2 + x^2}$ hat drei Wendepunkte Fig. (33), die in $x = 0$, $x = + a\sqrt{3}$, $x = - a\sqrt{3}$ liegen.

§ 60. **Das Element und das Differential des Bogens.**

Verbindet man zwei benachbarte Punkte einer Kurve P und P′ mit den Koordinaten x, y und $x + \Delta x$, $y + \Delta y$, so ist für kleine Werte von Δx und Δy der Bogen $PP' = \Delta s$ annähernd gleich der Sehne PP′. Näherungsweise kann man deshalb setzen

$$\Delta s = \sqrt{\Delta x^2 + \Delta y^2} \text{ und } \frac{\Delta s}{\Delta x} = \pm \sqrt{1 + \left(\frac{\Delta y}{\Delta x}\right)^2},$$

wo Δs als Element des Bogens bezeichnet wird.

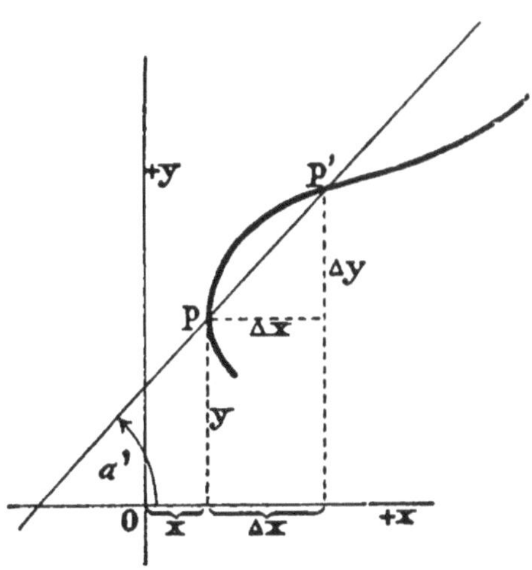

Fig. 23.

Geht man zur Grenze $\triangle x = \triangle y = 0$ über, so folgt hieraus als Ausdruck für das Bogendifferential

$$ds = \pm \sqrt{1 + \left(\frac{dy}{dx}\right)^2}\, dx, \text{ ebenso } ds = \pm \sqrt{1 + \left(\frac{dx}{dy}\right)^2}\, dy.$$

Bezeichnet man den Winkel, den die Sekante PP′ mit der x-Axe macht mit α', so ist

$$\operatorname{tg} \alpha' = \frac{\triangle y}{\triangle x}, \quad \sin \alpha' = \frac{\triangle y}{\triangle s}, \quad \cos \alpha' = \frac{\triangle x}{\triangle s}.$$

Beim Uebergang zur Grenze $\triangle x = \triangle y = 0$ geht die Sekante in die Tangente im Punkte P und der

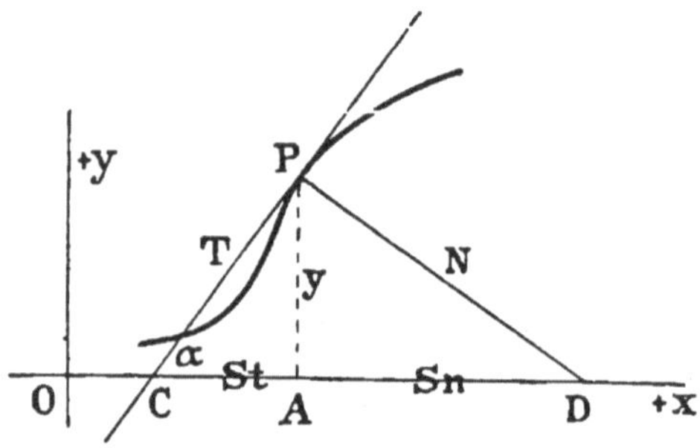

Fig. 29.

Winkel α' in den Winkel α über, den die Tangente mit der x-Axe macht. Es ist Fig. (29)

$$\operatorname{tg} \alpha = \frac{dy}{dx} = y'$$

$$\sin \alpha = \pm \frac{y'}{\sqrt{1 + y'^2}}, \quad \cos \alpha = \pm \frac{1}{\sqrt{1 + y'^2}}.$$

Da α auch der Winkel ist, den die Normale mit der Ordinate y macht, so ist

$$\operatorname{tg} \alpha = \frac{y}{St} = \frac{S_n}{y}$$

$$\sin \alpha = \frac{y}{T} = \frac{S_n}{N}, \quad \cos \alpha = \frac{St}{T} = \frac{y}{N}.$$

§ 61. Die singulären Punkte einer Kurve.

Erklärung. Singuläre Punkte sind solche Punkte einer Kurve, für welche gleichzeitig die beiden Bedingungen

$$\frac{\partial f}{\partial x} = 0, \quad \frac{\partial f}{\partial y} = 0 \tag{1}$$

erfüllt sind.

Zufolge dieser Bedingungen wird für jeden singulären Punkt die Gleichung der Tangente illusorisch.

Umgekehrt gilt auch der

Satz. Sieht man $\frac{\partial f}{\partial x} = 0$ und $\frac{\partial f}{\partial y} = 0$ als die Gleichungen zweier ebenen Kurven an, so ist jeder Schnittpunkt derselben ein singulärer Punkt von f.

Die Bedingungen (1) werden insbesondere für alle Punkte erfüllt, durch welche zwei oder mehr Zweige der Kurve hindurchgehen. Der einfachste Fall eines solchen Punkts ist der Doppelpunkt.

Erklärung. Ein zweifacher Punkt oder Doppelpunkt (Knotenpunkt) ist ein Punkt der

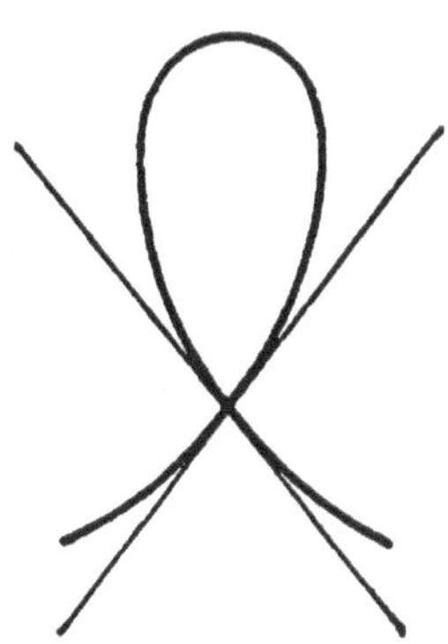

Fig. 34.

Kurve, in welchem sich zwei Zweige selbst durchschneiden. Fig. 34.

In jedem Doppelpuukt lassen sich zwei verschiedene Tangenten an die Kurve legen.

Berühren sich diese Zweige in letzterem, so heisst der Punkt ein Rückkehrpunkt.

Erklärung. Wenn die beiden Zweige eines Doppelpunkts in einem Punkt endigen und sich daselbst berühren, so wird ein solcher Punkt als Rückkehrpunkt bezeichnet.

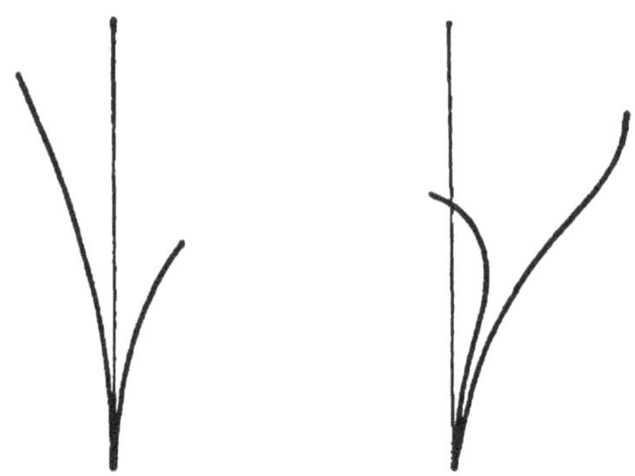

1. Art. 2. Art.

Fig. 35.

Er ist ein Rückkehrpunkt oder eine Spitze der ersten Art, wenn die beiden Aeste in der Nähe des Vereinigungspunkts auf entgegengesetzten Seiten der gemeinschaftlichen Tangente liegen oder der zweiten Art, wenn dieselben auf der gleichen Seite der gemeinschaftlichen Tangente liegen.

Ein Doppelpunkt geht in einem Rückkehrpunkt über, wenn die beiden Tangenten des ersteren in eine einzige zusammenfallen.

Sind die beiden Tangenten des Doppelpunkts nicht reell sondern imaginär konjugiert, so ist ihr Schnittpunkt ein reeller Kurvenpunkt. Da alsdann in dessen Umgebung keine weiteren reellen Punkte der Kurve liegen, so wird ein solcher als **isolierter Punkt** der Kurve bezeichnet. Siehe Fig. 40 und 41.

Gehen drei oder mehr Zweige einer Kurve durch denselben Punkt hindurch, so erhält man einen **dreifachen** oder **mehrfachen** Punkt der Kurve.

§ 62. Entwicklung des analytischen Kennzeichens für die Art eines singulären Punkts.

Die Funktion $f(xy)$, deren partielle Ableitungen $\frac{\partial f}{\partial x}, \frac{\partial f}{\partial y}, \frac{\partial^2 f}{\partial x^2}, \frac{\partial^2 f}{\partial x \partial y}, \frac{\partial^2 f}{\partial y^2}, \ldots$ wir mit $f_1, f_2, f_{11}, f_{12}, f_{22}, \ldots$ bezeichnen wollen, stelle gleich Null gesetzt eine ebene Kurve dar, die im Punkt $P(xy)$ einen singulären Punkt besitzen soll.

Sind $x+\triangle x$, $y+\triangle y$ die Koordinaten eines in der Nähe von P liegenden Punktes P′ der Kurve, so liefert die Entwicklung nach Taylor:

$$f(x+\triangle x, y+\triangle y) = f(xy) + [\triangle x f_1 + \triangle y f_2]$$
$$+ \frac{1}{2!}\left\{\triangle x^2 f_{11} + 2\triangle x \triangle y f_{12} + \triangle y^2 f_{22}\right\}$$
$$+ \frac{1}{3!}\left\{\triangle x^3 f_{111} + 3\triangle x^2 \triangle y f_{112} + \ldots + \triangle y^3 f_{222}\right\} + \ldots$$

Da nun der Annahme gemäss die Punkte P und P′ auf der Kurve liegen, so ist $f(xy) = 0$ und ebenso $f(x+\triangle x, y+\triangle y) = 0$, und weil $P(xy)$ ein singulärer Punkt sein soll, so ist ausserdem noch $f_1 = 0$ und $f_2 = 0$.

Die Kurve f verhält sich also in der Nähe des Punktes P wie die Funktion

$$0=\frac{1}{2!}\left\{\triangle x^2 f_{11}+2\triangle x\triangle y f_{12}+\triangle y^2 f_{22}\right\}$$

$$+\frac{1}{3!}\left\{\triangle x^3 f_{111}+3\triangle x^2\triangle y f_{112}+\cdots+\triangle y^3 f_{222}\right\}+\ldots$$

Rückt der Punkt P′ sehr nahe an P heran, d. h. sind $\triangle x$ und $\triangle y$ sehr kleine Grössen, so können hierin die höheren Potenzen von $\triangle x$, $\triangle y$ den niedrigsten gegenüber vernachlässigt werden. Das Verhalten der Kurve f in der nächsten Umgebung des Punktes P ist alsdann charakterisiert durch die Gleichung

$$\triangle x^2 f_{11}+2\triangle x\triangle y f_{12}+\triangle y^2 f_{22}=0, \qquad (1)$$

woraus wir beim Grenzübergang $\triangle x=\triangle y=0$ und nach Division mit $\triangle x^2$ erhalten

$$f_{11}+2f_{12}y'+f_{22}y'^2=0. \qquad (2)$$

Hieraus ergeben sich für $\frac{dy}{dx}=y'$ zwei verschiedene Werte

$$y'=\frac{1}{f_{22}}\left\{f_{12}\pm\sqrt{f_{12}^2-f_{11}f_{22}}\right\}, \qquad (3)$$

d. h. vom Punkte P aus sind auf der Kurve zwei Fortschreitungsrichtungen oder zwei Tangenten möglich, deren Richtungskonstanten durch die beiden Werte (3) ausgedrückt sind. Ein solcher Punkt heisst ein Doppelpunkt.

Satz. Die Tangenten eines Doppelpunkts sind reell und getrennt, zusammenfallend, imaginär konjugiert, d. h. der Doppelpunkt ist ein wirklicher Doppelpunkt, ein Rückkehrpunkt, ein isolierter Punkt, je nachdem der Ausdruck (Discriminante)

$$\Delta = f_{11} f_{22} - f_{12}^2 \lesseqgtr 0 \text{ ist.}$$

Verschwinden für die Koordinaten x und y auch die Ableitungen f_{11}, f_{12}, f_{22}, nicht aber die höheren f_{111}, f_{112}, ..., so ist der Punkt P ein **dreifacher** Punkt der Kurve, dessen Tangentenrichtungen als Wurzeln der Gleichung

$$f_{111} + 3 f_{112} y' + 3 f_{122} y'^2 + f_{222} y'^3 = 0$$

zu ermitteln sind u. s. w.

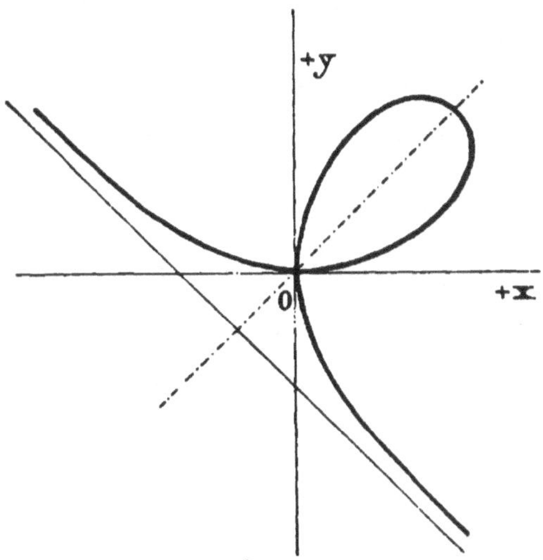

Fig. 7.

Beispiele:

a) Wirkliche Doppelpunkte.

1. Das Folium von Descartes Fig. 7, dessen Gleichung

$$x^3 + y^3 - 3pxy = 0$$

ist, besitzt im Ursprung einen reellen Doppelpunkt mit $x = 0$ und $y = 0$ als Tangenten.

2. Die Lemniscate von Bernouilli Fig. (8)

$$(x^2 + y^2) - 2a^2(x^2 - y^2) = 0$$

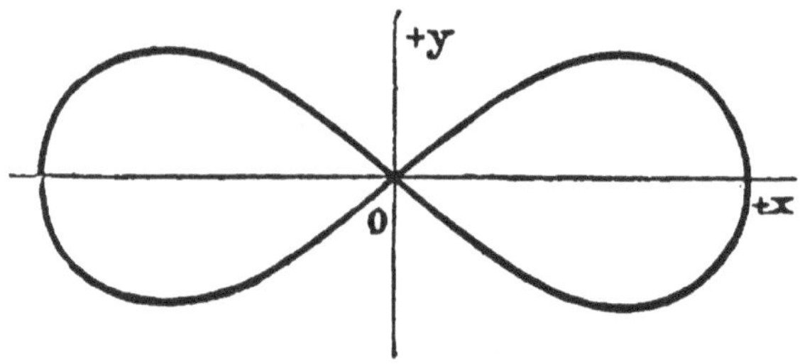

Fig. 8.

hat ebenfalls im Ursprung einen Doppelpunkt mit $\eta = \pm \xi$ als Tangenten.

3. Die Kurve 4. Ordnung, Fig. 36,

$$x^4 - 2ay^3 - 3a^2y^2 - 2a^2x^2 + a^4 = 0$$

hat drei Doppelpunkte, die in $\begin{matrix} x = a \\ y = 0 \end{matrix}, \begin{matrix} x = -a \\ y = 0 \end{matrix}, \begin{matrix} x = 0 \\ y = -a \end{matrix}$ liegen und denen die Tangentenpaare angehören

$$\eta = \pm\sqrt{\frac{4}{3}}(\xi - a), \quad \eta = \pm\sqrt{\frac{4}{3}}(\xi + a), \quad \eta = \pm\sqrt{\frac{2}{3}}\,\xi - a.$$

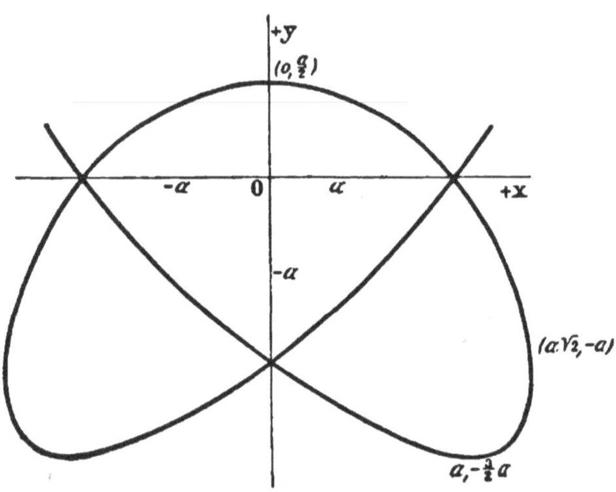

Fig. 36.

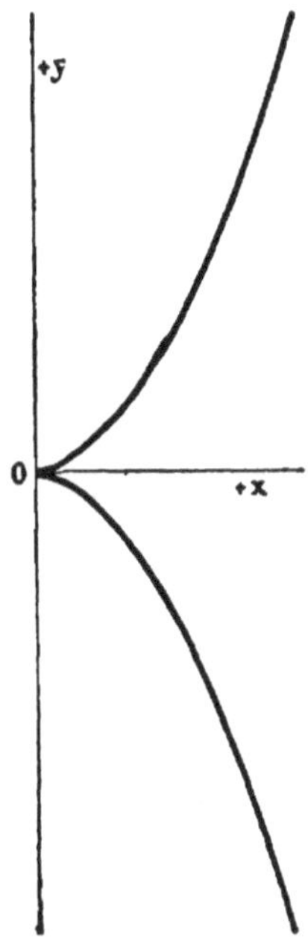

Fig. 37.

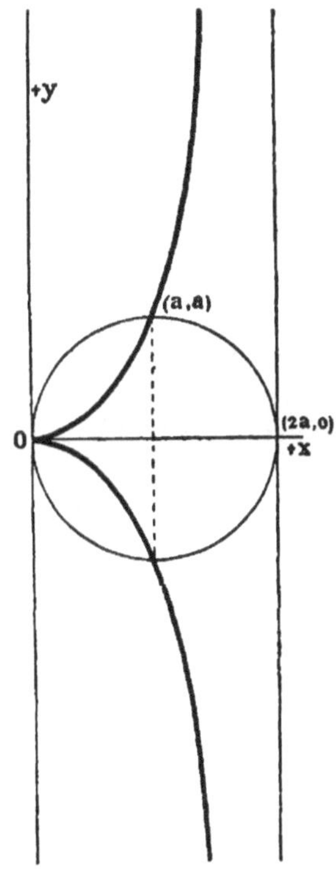

Fig. 38.

b) Rückkehrpunkte.

4. Die Neil'sche Parabel, Fig. 37

$$y^2 - a x^3 = 0$$

besitzt im Ursprung einen Rückkehrpunkt (1. Art) mit $y = 0$ als Rückkehrtangente.

5. Die Cissoide $y^2(2a - x) - x^3 = 0$ hat ebenfalls im Ursprung einen Rückkehrpunkt (1. Art) mit $y = 0$ als Rückkehrtangente. Fig. 38.

6. Die Kurve, Fig. 39,

$$y = 2x^2 \pm x^{\frac{5}{2}}$$

besitzt im Ursprung einen Rückkehrpunkt (2. Art) mit $y = 0$ als Rückkehrtangente.

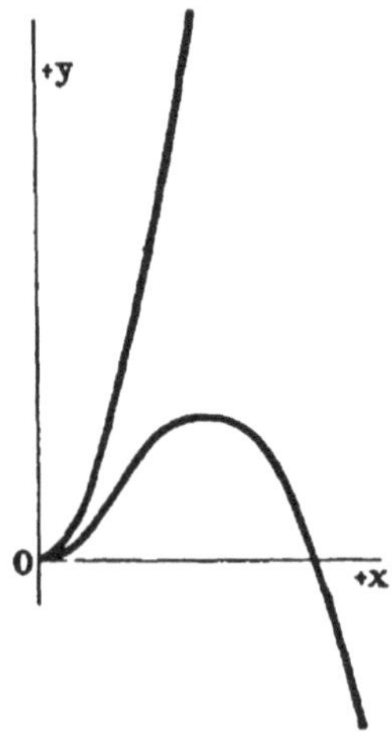

Fig. 39.

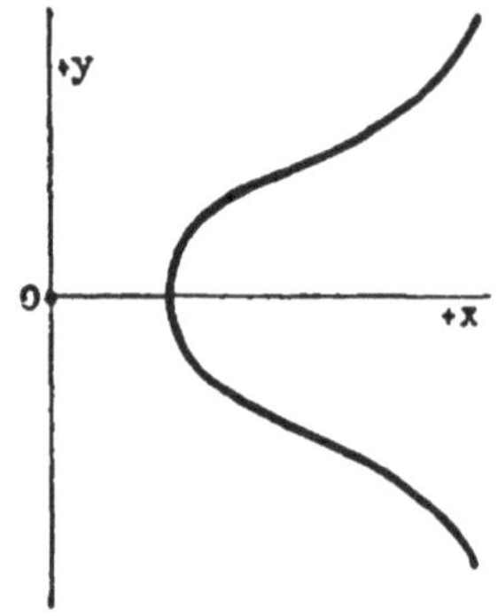

Fig. 40.

c) Isolierte Punkte.

7. Die Kurven

$$a^2x^2 + b^2y^2 - x^3 = 0, \quad a^2x^2 + b^2y^2 - (x^2 + y^2)^2 = 0.$$

Fig. 40 und 41 besitzen im Ursprung isolierte Punkte. Die letztere ist als Fusspunktskurve der Ellipse bekannt.

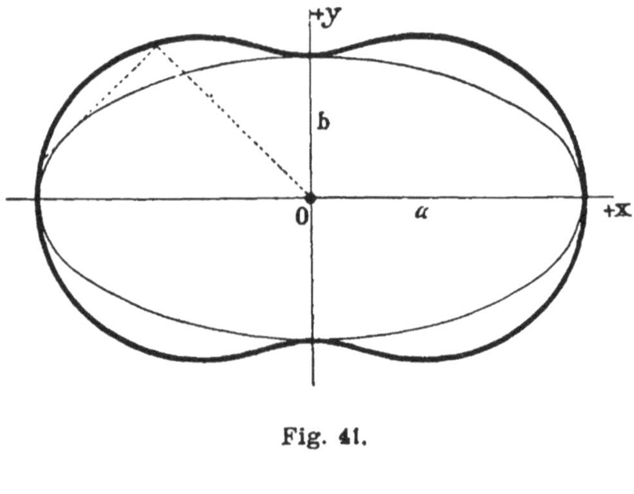

Fig. 41.

§ 63. Das Problem der Berührung ebener Kurven.

Es seien $y = f(x)$ und $y = \varphi(x)$ die Gleichungen zweier ebenen Kurven f und φ, die den Punkt P gemeinschaftlich haben und sich in demselben entweder schneiden oder berühren.

Erklärung. Man sagt, die Kurven berühren sich im Punkt P, wenn sie in demselben gleiche Neigung gegen die x-Axe oder eine gemeinschaftliche Tangente besitzen. Andernfalls durchschneiden sie sich nur.

Um die Abscisse dieser gemeinschaftlichen Tangente zu erhalten, setze man

$$f(x) = \varphi(x). \tag{1}$$

Die Wurzeln dieser Gleichung geben die Abscissen aller gemeinsamen Punkte der Kurven f und φ an. Lässt man in Fig. 43 $0A = x$ in $x + h$ übergehen, so werden sich die beiden Kurven im Punkt P um so inniger aneinander schmiegen, je kleiner das Stück BC der Ordinate DB zwischen f und φ ist. Nach dem Taylor'schen Satze ist:

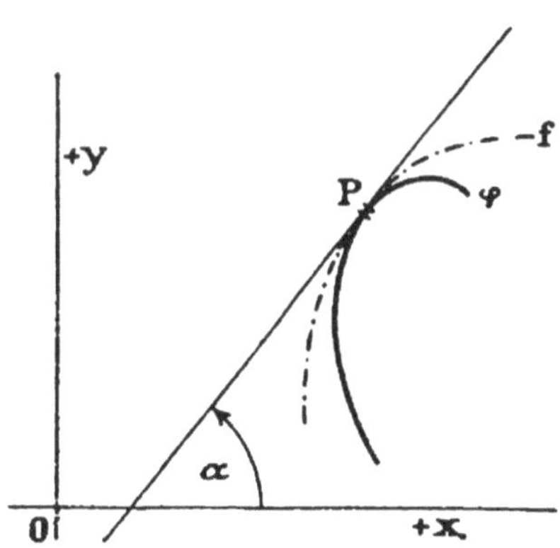

Fig. 42.

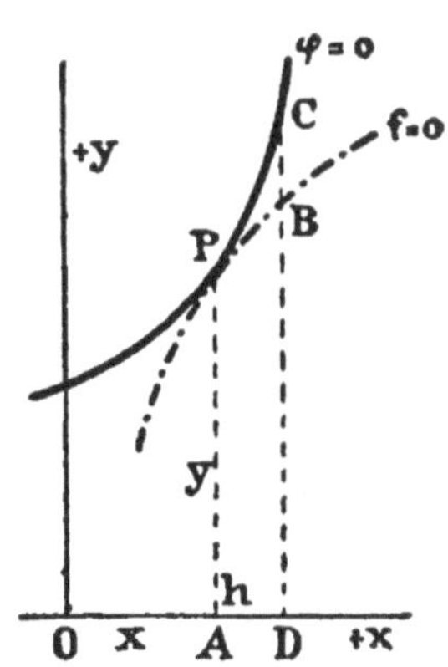

Fig. 43.

$$DB = y + h = f(x+h) = f(x) + \frac{h}{1} f'(x) + \frac{h^2}{2!} f''(x) + \ldots$$

und (2)

$$DC = y + h = \varphi(x+h) = \varphi(x) + \frac{h}{1} \varphi'(x) + \frac{h^2}{2!} \varphi''(x) + \ldots$$

Setzt man die Differenz

$$BC = \triangle = f(x+h) - \varphi(x+h),$$

so ist, da nach der Voraussetzung $f(x) = \varphi(x)$ ist

$$\triangle = \frac{h}{1}\left\{f'(x) - \varphi'(x)\right\} + \frac{h^2}{2!}\left\{f''(x) - \varphi''(x)\right\} + \ldots \quad (3)$$

$\triangle$ eine unendlich kleine Grösse erster Ordnung.

Solange $f'(x)$ und $\varphi'(x)$ verschieden sind, durchschneiden sich die Kurven nur im Punkte P. Wenn aber neben der Gleichung (1) noch die folgende erfüllt ist

$$f'(x) = \varphi'(x), \quad (4)$$

so geht $\triangle$ über in

$$\triangle = \frac{h^2}{2!}\left\{f''(x) - \varphi''(x)\right\} + \ldots$$

eine unendlich kleine Grösse zweiter Ordnung. Die Kurven haben in P zwei unendlich benachbarte Punkte oder eine Tangente gemeinschaftlich. Sie berühren sich in demselben und man sagt, es finde eine Berührung erster Ordnung statt.

Ist für den Punkt P neben den Gleichungen (1) und (4) noch die weitere erfüllt:

$$f''(x) - \varphi''(x) = 0, \quad (5)$$

so gehen die Kurven im Punkte P durch drei benachbarte Punkte; sie gehen in diesem Fall eine Berührung zweiter Ordnung oder eine Osculation ein und es wird

$$\triangle = \frac{h^3}{3!}\left\{f'''(x) - \varphi'''(x)\right\} + \ldots$$

eine unendlich kleine Grösse dritter Ordnung u. s. w. In diesem Sinn spricht man von Berührungen verschiedener Ordnung.

Satz. Zwei Kurven f und φ gehen in einem Punkt P mit den Koordinaten x und y eine Berührung k^ter Ordnung ein, wenn die Gleichungen erfüllt sind:

$$\left.\begin{array}{l} f(x) - \varphi(x) = 0 \\ f'(x) - \varphi'(x) = 0 \\ \quad \cdots\cdot \\ \quad \cdots\cdot \\ f^{(k)}(x) - \varphi^{(k)}(x) = 0 \end{array}\right\} \qquad (6)$$

Die in dem System (6) enthaltenen Gleichungen dienen zur Bestimmung gewisser in f und φ auftretenden Konstanten. So kann die Gerade $ax + by + 1 = 0$ nur eine Berührung von der ersten, der Kreis $(x - a)^2 + (y - b)^2 - r^2 = 0$ nur eine Berührung von der zweiten Ordnung eingehen, da die Gerade, bzw. der Kreis nur von zwei bzw. drei Konstanten abhängt. Der Kegelschnitt

$$f = ax^2 + bxy + cy^2 + dx + ey + 1 = 0$$

kann mit einer höheren Kurve φ eine Berührung erster, zweiter, dritter und höchstens vierter Ordnung eingehen, da dessen Gleichung fünf unabhängige Konstanten a b c d e enthält.

Die parabolischen Kurven

$$y = a_1 x + a_2 x^2 + \ldots + a_m x^m$$
$$y = A_1 x + A_2 x^2 + \ldots + A_n x^n$$

schneiden sich in mn Punkten, von denen einer im Ursprung liegt. Die Kurven gehen in demselben eine Berührung i^ter Ordnung, wenn

$$
\begin{array}{llll}
f\;(0) = \varphi\;(0) & \text{oder} & a_1 = A_1 \\
f'\;(0) = \varphi'\;(0) & \text{„} & a_2 = A_2 \\
\cdots & & \cdots \\
\cdots & & \cdots \\
f^{(i)}(0) = \varphi^{(i)}(0) & \text{„} & a_i = A_i & \text{ist.}
\end{array}
$$

§ 64. Der Krümmungskreis.

1. Bekanntlich geht die Tangente durch zwei unendlich benachbarte Punkte einer Kurve hindurch. Ihre Gleichung ist abhängig von der Ableitung $\frac{dy}{dx}$, die uns Aufschluss über die Richtung giebt, welche die Kurve nimmt. Um nähere Auskunft über die Krümmungsverhältnisse derselben zu erhalten, konstruiere man in

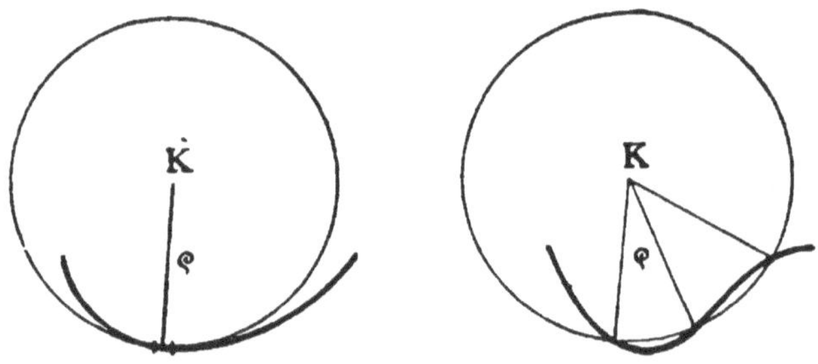

Fig. 44.

jedem Punkt einen Kreis, der durch drei benachbarte Kurvenpunkte hindurchgeht und dessen Gleichung deshalb neben y' auch noch von y'' abhängig ist.

Erklärung. Unter dem Krümmungskreis versteht man einen Kreis, der durch drei unendlich benachbarte Kurvenpunkte hindurchgeht. Der Radius desselben heisst entsprechend Krümmungsradius. Fig. 44.

Wie schon im vorigen § erwähnt wurde, geht derselbe mit der Kurve eine Berührung zweiter Ordnung oder eine Osculation ein und heisst deshalb auch Osculationskreis der Kurve.

Je grösser der Radius ϱ dieses Kreises für einen gewissen Kurvenpunkt ist, desto kleiner ist die Krümmung der Kurve in diesem Punkt und umgekehrt. Man nennt deshalb $\frac{1}{\varrho}$ das Krümmungsmass.

Erklärung. Unter dem Krümmungsmass in einem bestimmten Kurvenpunkt versteht man den reziproken Wert $\frac{1}{\varrho}$ des Krümmungsradius für diesen Punkt.

Erklärung. Der Mittelpunkt K des Krümmungskreises heisst Krümmungsmittelpunkt.

2. Der Krümmungsmittelpunkt, dessen Koordinaten wir mit $\xi\eta$ bezeichnen wollen, wird am einfachsten als Schnittpunkt zweier konsekutiver Kurvennormalen erhalten.

Ist
$$\xi - x + y'(\eta - y) = 0 \tag{1}$$
die Gleichung der Normale im Punkte P (xy), wo $\xi\eta$ als Koordinaten des Krümmungsmittelpunkts K als konstant angesehen werden können, so erhält man hieraus durch Differentiation nach x
$$-1 + y''(\eta - y) - y'^2 = 0. \tag{2}$$

Aus (1) und (2) ergeben sich als Koordinaten des Krümmungsmittelpunkts K
$$\left.\begin{aligned} \xi &= x - \frac{y'}{y''}(1 + y'^2) \\ \eta &= y + \frac{1}{y''}(1 + y'^2) \end{aligned}\right\} \tag{3}$$

Nach der Fig. 45 ist weiter

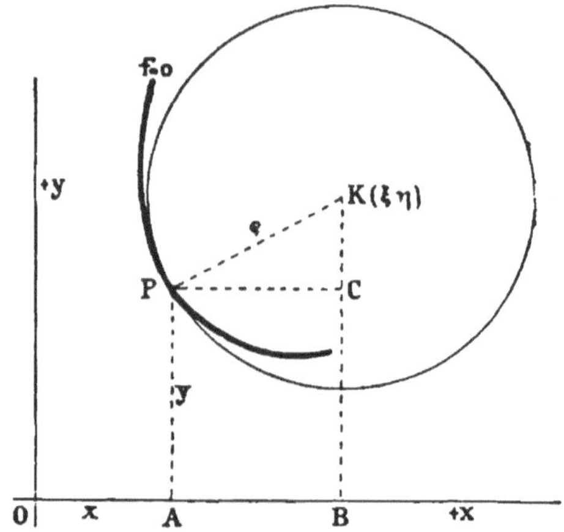

Fig. 45.

$$\varrho^2 = KC^2 + PC^2 = (\xi - x)^2 + (\eta - y)^2,$$

woraus sich mit Hilfe der Gleichungen (3) als Krümmungsradius ergiebt

$$\varrho = \frac{1}{y''}\left(1 + y'^2\right)^{\frac{3}{2}}. \qquad (4)$$

3. Sind andererseits α und α_1 die Winkel, welche zwei konsekutive Tangenten mit der x-Axe machen, so schliessen die beiden zugehörigen Normalen den Winkel $\alpha_1 - \alpha$ oder $d\alpha$ (Kontingenswinkel) ein.

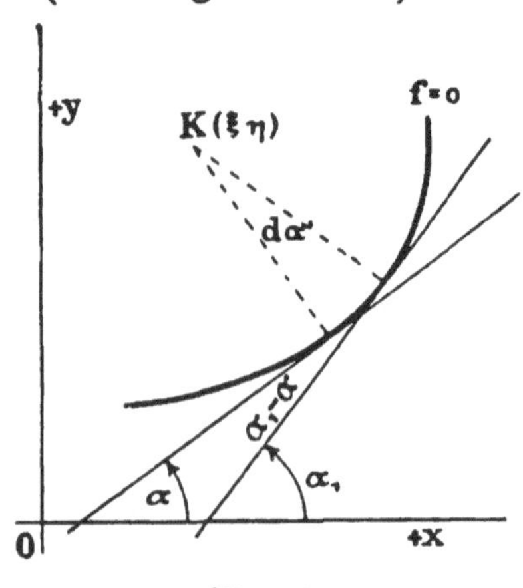

Fig. 46.

Erklärung. Der Kontingenswinkel ist der Winkel, den zwei konsekutive Kurvennormalen einschliessen; er ist gleich dem Differential $d\alpha$ des Winkels, den die Tangente mit der x-Axe macht.

Dies vorausgesetzt ist

$$\varrho \, d\alpha = ds \text{ oder}$$

$$\varrho = \frac{ds}{d\alpha} \text{ und } \frac{1}{\varrho} = \frac{d\alpha}{ds}. \tag{3}$$

Satz. Das Krümmungsmass ist gleich dem Quotienten aus Kontingenswinkel und Bogendifferential.

Nun ist bekanntlich $\operatorname{tg}\alpha = y'$, also

$$\alpha = \operatorname{arc}\operatorname{tg} y' \text{ daher auch}$$

$$\frac{d\alpha}{dx} = \frac{y''}{1+y'^2}.$$

Da ferner $\frac{ds}{dx} = \sqrt{1+y'^2}$ ist; so ergiebt sich hieraus

auch $$\varrho = \frac{ds}{d\alpha} = \frac{1}{y''}\left(1+y'^2\right)^{\frac{3}{2}}.$$

4. Da der Krümmungskreis durch drei unendlich benachbarte Kurvenpunkte geht, so müssen nach § 63 nicht nur die Koordinaten $x\,y$ des Berührungspunktes sondern auch die beiden ersten Differentialquotienten y' und y'' für diesen Punkt von Kreis und Kurve übereinstimmen.

Ist daher $(\xi - x)^2 + (\eta - y)^2 = \varrho^2$

der Krümmungskreis der Kurve $y = f(x)$ im Punkte $P(x\,y)$, so ergeben sich hieraus durch zweimalige Ableitung nach x die Gleichungen

$$\xi - x + (\eta - y)\,y' = 0$$

$$1 - (\eta - x)\,y'' + y'^2 = 0,$$

aus denen sich sowohl die Koordinaten des Krümmungsmittelpunkts wie der Radius ϱ des Krümmungskreises berechnen. Man erhält wie oben

$$\left.\begin{aligned} \xi &= x - \frac{y'}{y''}(1+y'^2) \\ \eta &= y + \frac{1}{y''}(1+y'^2) \\ \varrho &= \frac{(1+y'^2)^{\frac{3}{2}}}{y''} \end{aligned}\right\} \qquad (6)$$

Mit Zuhilfenahme des Ausdrucks für die Normale N in § 57 Nr. (2) lassen sich die Formeln (6) auch schreiben

$$\left.\begin{aligned} \xi = x - \frac{y'}{y''}\frac{N^2}{y^2}, \quad \eta = y + \frac{1}{y''}\frac{N^2}{y^2} \\ \varrho = \frac{1}{y''}\frac{N^3}{y^3} \end{aligned}\right\} \qquad (7)$$

5. Für die implizite Form $f(x\,y)=0$ der Kurvengleichung erhält man

$$1+y'^2 = \frac{1}{f_2^2}(f_1^2+f_2^2) \text{ und hieraus}$$

$$y'' = -\frac{1}{f_2^3}(f_1^2 f_{22} - 2 f_1 f_2 f_{12} + f_2^2 f_{11})$$

und wenn man

$$A = (f_1^2+f_2^2) : (f_1^2 f_{22} - 2 f_1 f_2 f_{12} + f_2^2 f_{11})$$

setzt

$$\xi = x - A f_1, \quad \eta = y - A f_2, \quad \varrho = A\sqrt{f_1^2+f_2^2}. \qquad (8)$$

Bemerkung. In den Ausdrücken für φ ist in allen Fällen das Wurzelzeichen so zu wählen, dass ϱ positiv wird.

Zusatz. Die Ausdrücke für ϱ lassen erkennen, dass $\varrho = \infty$ wird, wenn $y''=0$ ist, d. h. in den Wendepunkten von f und dass ϱ sein Zeichen wechselt, wenn y'' das Zeichen wechselt.

Beispiele.

1. Für die Parabel $y^2 = 2px$ erhält man mit Zuhilfenahme der in § 57 gefundenen Werte für y' und N $y'' = -\frac{p^2}{y^3}$ und hieraus nach einiger Umformung für den Krümmungsmittelpunkt die Koordinaten

$$\xi = 3x + p, \quad \eta = -\frac{y^3}{p^2} \tag{9}$$

und den Radius

$$\varrho = -\frac{N^3}{p^2},$$

wo N die Normale des Kurvenpunkts $P(xy)$ bezeichnet.

2. Für die Ellipse $\frac{x^2}{a^2} + \frac{y^2}{b^2} - 1 = 0$ ergiebt sich im Anschluss an § 57

$y'' = -ab\left(a^2 - x^2\right)^{-\frac{1}{2}}$ und als Elemente des Krümmungsmittelpunkts

$$\xi = \frac{e^2x^3}{a^4}, \quad \eta = -\frac{c^2y^3}{b^4}, \quad \varrho = -\frac{a^2}{b^4}N^3, \text{ wo} \tag{10}$$

$e^2 = a^2 - b^2$ gesetzt ist. Desgleichen erhält man

3. für die Hyperbel $\frac{x^2}{a^2} - \frac{y^2}{b^2} - 1 = 0$.

$$\xi = \frac{e^2x^3}{a^4}, \quad \eta = -\frac{e^2y^3}{b^4}, \quad \varrho = -\frac{a^2}{b^4}N^3, \tag{12}$$

wo $e^2 = a^2 + b^2$ gesetzt ist.

Aus diesen Beispielen ergiebt sich der

Satz. Der Krümmungsradius der Kegelschnitte ist proportional der dritten Potenz der Normalen N.

Durch diesen Satz lässt sich ϱ einfach geometrisch konstruieren.

§ 65. Evolute und Evolvente.

1) Erklärung. Die Evolute $\varphi(\xi\,\eta)$ einer Kurve $f(x\,y)$ ist der geometrische Ort des Krümmungsmittelpunktes oder auch der Ort des Schnittpunkts zweier konsekutiver Kurvennormalen. Eine solche hat also mit der Evolute zwei unendlich benachbarte Punkte gemein; somit gilt der

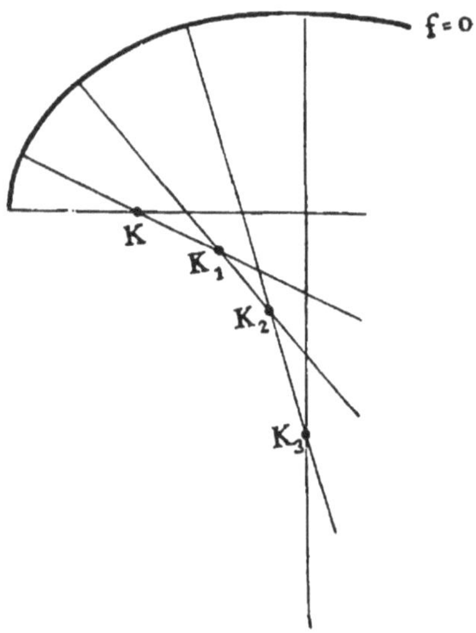

Fig. 47.

Satz. Jede Kurvennormale ist eine Tangente an die Evolute.

Erklärung. Die gegebene Kurve $f(x\,y)$ heisst auch Evolvente.

Man erhält die Gleichung der Evolute durch Elimination von x und y aus den Gleichungen

$$\left.\begin{aligned} & f(x\,y)=0 \\ & \xi = x - \frac{y'}{y''}(1+y'^2) \\ & \eta = y + \frac{1}{y''}(1+y'^2) \end{aligned}\right\} \qquad (1)$$

2) Ist umgekehrt $\varphi(\xi\,\eta)=0$ als Gleichung einer Evolute gegeben, so ergiebt sich diejenige der zugehörigen Evolvente durch Elimination von $\xi\,\eta$ aus

$$\varphi(\xi\,\eta)=0$$

und den beiden letzten Gleichungen (1). Man erhält als $\xi\,\eta$-Eliminat

$$\varphi\left\{x-\frac{y'}{y''}(1+y'^2),\ y+\frac{1}{y''}(1+y'^2)\right\}=0. \quad (2)$$

Dies ist die Differentialgleichung der zu $\varphi(\xi\,\eta)$ als Evolute gehörigen Evolvente.

3) Wenn man einen um eine Evolute geschlungenen Faden straff gespannt abrollt, so beschreibt der Endpunkt des Fadens eine Evolvente $f(x\,y)$. Da man diese Abwicklung beginnen kann, wo man will, so

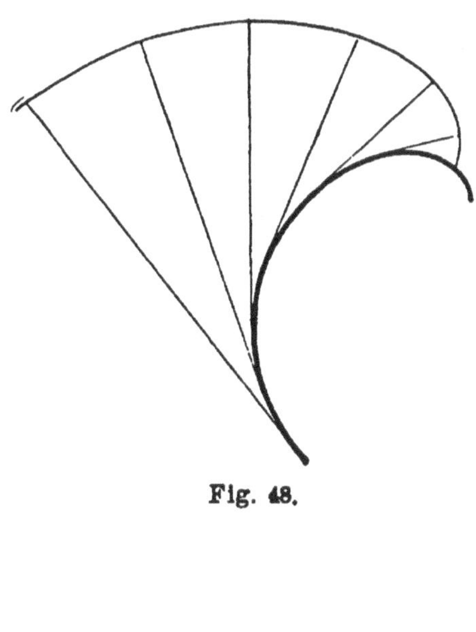

Fig. 48.

leuchtet ein, dass zu einer gegebenen Evolute unendlich viele Evolventen gehören, die übrigens alle einander gleich sind. Fig. 48.

Beispiele.

Aus den Beispielen des vorigen § ergiebt sich

1. für die Parabel $y^2 = 2px$ aus (9)

$$x = \frac{1}{3}(\xi - p),\; y = -\sqrt[3]{\eta p^2}$$

und hieraus durch Elimination von x und y als Gleichung der Evolute

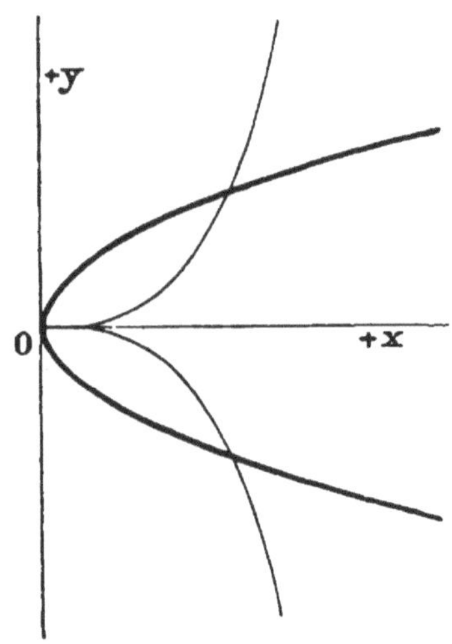

Fig. 49.

$$\eta^2 = \frac{8}{27}\frac{1}{p}(\xi - p)^3, \qquad (3)$$

die eine Neil'sche Parabel darstellt, Fig. 49, deren Spitze in $\xi = p$, $\eta = 0$ liegt.

2. Für die Ellipse $\frac{x^2}{a^2} + \frac{y^2}{b^2} - 1 = 0$ folgt aus (10)

$$x^3 = \xi \frac{a^4}{e^2}, \; y^3 = -\eta \frac{b^4}{e^2}$$

und hieraus nach Elimination von x und y als Gleichung der Evolute

$$\left(\frac{\xi}{a_1}\right)^{\frac{3}{2}} + \left(\frac{\eta}{b_1}\right)^{\frac{3}{2}} - 1 = 0.$$

wo $a_1 = \frac{e^2}{a}$, $b_1 = \frac{e^2}{b}$ gesetzt ist.

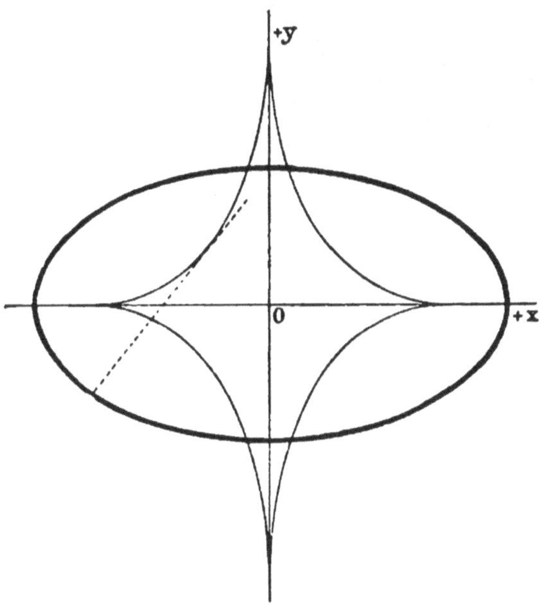

Fig. 50.

Diese Kurve führt den Namen „Asteroide" und repräsentiert eine Kurve 6. Ordnung mit vier Spitzen. Fig. 50.

3. Für die Hyperbel $\frac{x^2}{a^2} - \frac{y^2}{b^2} - 1 = 0$

ergiebt sich ebenso aus den Gleichungen (11) in § 64

$$x^3 = \xi \frac{a^4}{e^2}, \; y^3 = -\eta \frac{b^4}{e^2}$$

und hieraus nach Elimination von x und y als Gleichung der Hyperbelevolute

$$\left(\frac{\xi}{a_1}\right)^{\frac{3}{2}} - \left(\frac{\eta}{b_1}\right)^{\frac{3}{2}} - 1 = 0,$$

welche in $\xi = \pm a_1$, $\eta = 0$ Spitzen besitzt.

§ 66. Anwendung von Polarkoordinaten.

An Stelle der rechtwinkligen Koordinaten x, y eines Punkts P kann man auch die P o l a r k o o r d i n a t e n r und φ einführen, die mit den ersteren nach Fig. 51 durch die Gleichungen verbunden sind

$$x = r \cos \varphi, \quad y = r \sin \varphi. \tag{1}$$

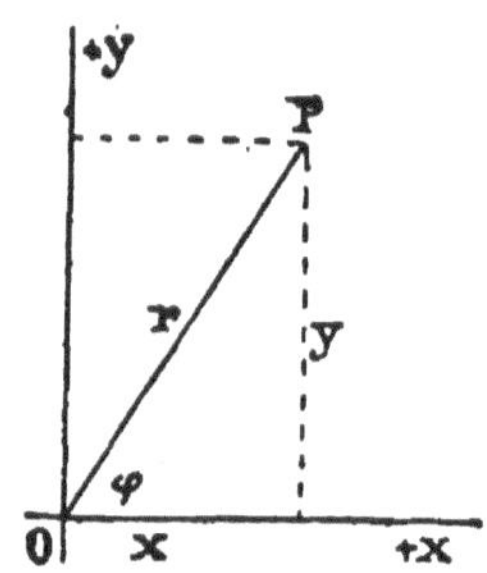

Fig. 51.

E r k l ä r u n g. Man bezeichnet die feste Gerade 0x als A x e und 0 als P o l des Polarkoordinatensystems. Die Entfernung des Kurvenpunkts P vom Pol 0 heisst R a d i u s v e k t o r und der Winkel φ, den dieselbe mit der x-Axe macht, die A m p l i t u d e desselben.

Die Gleichung irgend einer Kurve in rechtwinkligen Koordinaten geht mit Hilfe der Gleichungen (1) in eine solche zwischen den Polarkoordinaten über. Erhält man auf diese Weise die Kurvengleichung

$$r = f(\varphi) \text{ oder } F(r, \varphi) = 0$$

und ist τ der Winkel, den die Kurventangente mit der Axe $0\,x$ macht, so ist mit Zuhilfenahme der Gleichungen (1)

$$\operatorname{tg}\tau = \frac{dy}{dx} = \frac{dr\sin\varphi + r\cos\varphi\, d\varphi}{dr\cos\varphi - r\sin\varphi\, d\varphi} \text{ oder}$$

wenn man $\frac{dr}{d\varphi} = r'$ setzt

$$\operatorname{tg}\tau = \frac{r'\operatorname{tg}\varphi + r}{r' - r\operatorname{tg}\varphi}. \tag{2}$$

Eine einfachere Formel ergiebt sich, wenn man den Winkel $\vartheta = \tau - \varphi$ einführt, den der Radiusvektor mit der Tangente macht, dann folgt aus (2)

$$\frac{r}{r'} = \frac{\operatorname{tg}\tau - \operatorname{tg}\varphi}{1 + \operatorname{tg}\tau\operatorname{tg}\varphi} = \operatorname{tg}(\tau - \varphi) = \operatorname{tg}\vartheta \text{ oder}$$

$$\operatorname{tg}\vartheta = \operatorname{tg}(\tau - \varphi) = \frac{r}{r'}. \tag{3}$$

Satz. Im Polarkoordinatensystem ist die Richtung der Kurventangente im Punkt P bestimmt durch eine der Gleichungen (2) oder (3).

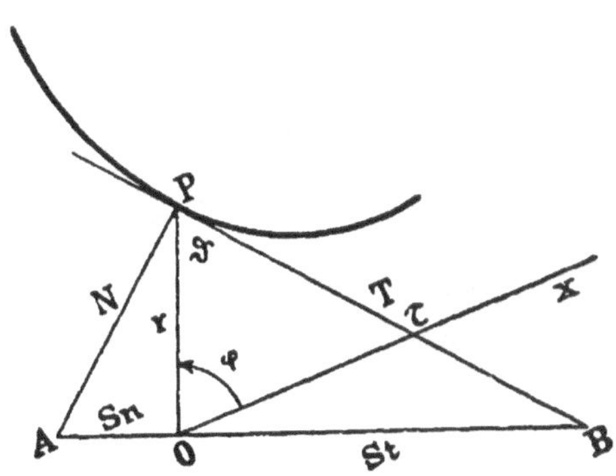

Fig. 52.

2. Erklärung. Ist PA die Kurvennormale und errichtet man in O auf OP ein Lot, welches die Tangente in B und die Normale in A schneidet, dann heisst $PB = T$ die Polartangente, $PA = N$ die Polarnormale; $OB = S_t$ die Polarsubtangente und $OA = S_n$ die Polarsubnormale.

Eine einfache Betrachtung der Dreiecke OPA und OBP führt zu dem

Satz. In Polarkoordinaten gelten die Beziehungen:

$$\left.\begin{array}{ll} \text{Polartangente} & PB = T = \frac{r}{r'}\sqrt{r + r'^2} \\ \text{Polarnormale} & PA = N = \sqrt{r^2 + r'^2} \\ \text{Subtangente} & OB = S_t = r\,\mathrm{tg}\,\vartheta = \frac{r^2}{r'} \\ \text{Subnormale} & OA = S_n = r\cot\vartheta = r' \end{array}\right\} \quad (4)$$

3. Für $r = f(\varphi) = \infty$ ergeben sich eine Anzahl Amplituden $\varphi_1\,\varphi_2\ldots$, die den unendlich fernen Punkten der Kurve entsprechen. Die Tangenten in diesen Punkten, die Asymptoten sind alsdann bestimmt, wenn man die Entfernung d derselben von Pol O kennt. Setzt man $d' = r\sin\vartheta$, dann bestimmt sich für jede der oben gefundenen Amplituden $\varphi_1\,\varphi_2,\ldots$ der zugehörige Wert von d aus

$$d = \lim d' = \lim r\sin\vartheta = \lim_{r=\infty} \frac{r^2}{\sqrt{r^2 + r'^2}}.$$

Satz. Die Richtungen $\varphi_1\,\varphi_2\ldots$ nach den unendlich fernen Punkten der Kurve ergeben sich aus $r = f(\varphi)_{r=\infty}$ und die zugehörigen Abstände der Asymptoten vom Pol O aus

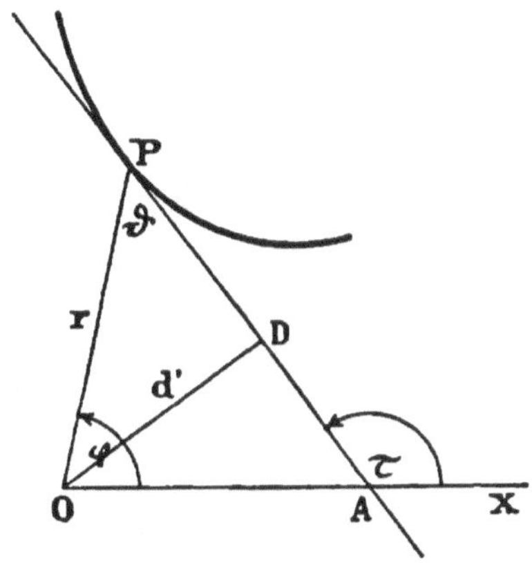

Fig. 53.

$$d = \lim_{r=\infty} \frac{r^2}{\sqrt{r^2 + r'^2}}.$$

4. Aus $ds^2 = dx^2 + dy^2$ folgt für Polarkoordinaten

$$ds^2 = dr^2 + r^2 d\varphi^2 = (r^2 + r'^2)\, d\varphi^2 \text{ oder}$$

$$ds = \pm \sqrt{r^2 + r'^2}\, d\varphi \qquad (5)$$

$$\sin\tau = \frac{r\cos\varphi + r'\sin\varphi}{\sqrt{r^2 + r'^2}} \qquad \cos\tau = \frac{-r\sin\varphi + r'\cos\varphi}{\sqrt{r^2 + r'^2}}$$

5. Aus $\varrho = \frac{ds}{d\tau}$, $\operatorname{tg}(\tau - \varphi) = \frac{r}{r'}$ folgt

$$\tau - \varphi = \operatorname{arc\,tg} \frac{r}{r'} \text{ und hieraus}$$

$$d\tau - d\varphi = \frac{r'^2 - rr''}{r^2 + r'^2}\, d\varphi \text{ und}$$

$$d\tau = \frac{2r'^2 - rr'' + r^2}{r^2 + r'^2}\, d\varphi$$

$$\varrho = \frac{(r^2 + r'^2)^{\frac{3}{2}}}{r^2 — 2r'^2 — rr''} = \frac{N^3}{r^2 — 2rr' — rr''}. \qquad (6)$$

Satz. **I n P o l a r k o o r d i n a t e n i s t d e r K r ü m m u n g s r a d i u s d u r c h d i e G l e i c h u n g (6) a u s g e d r ü c k t.**

§ 67. Beispiele für Polarkoordinaten.

Sehr geeignet zur Behandlung in Polarkoordinaten sind die Spiralen.

1. Die Spirale des Archimedes hat die Gleichung

$$r = a\varphi.$$

Für sie erhalten wir $\operatorname{tg}\vartheta = \frac{r}{a} = \varphi$, $S_t = a\varphi^2$,

$$S_n = r' = a.$$

Satz. Für die Spirale des Archimedes ist die Subnormale konstant.

Durch diese Eigenschaft ist eine einfache Konstruktion der Tangente angezeigt.

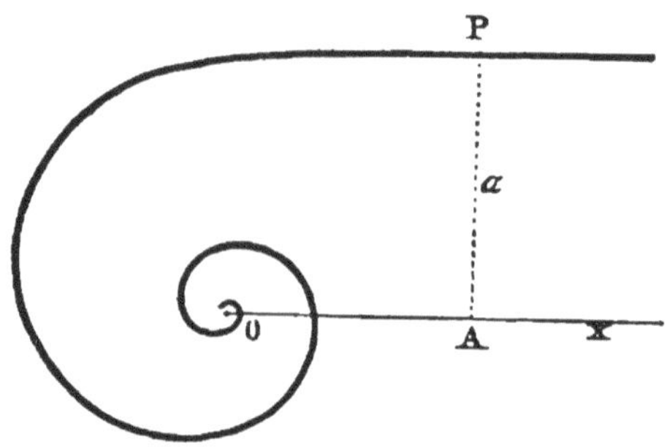

Fig. 54.

2. Die hyperbolische Spirale, Fig. 54, hat die Gleichung

$$r\varphi = a,$$

wo a eine gegebene Strecke bezeichnet.

Für $\varphi = 0$ ist $r = \infty$. Der Radius nimmt ab, wenn φ wächst. Die Kurve macht also unendlich viele Windungen um den Pol O, ohne ihn je zu erreichen. Man nennt einen derartigen Punkt einen asymptotischen.

Die Ordinate $AP = r\sin\varphi$ hat den Wert

$$r\sin\varphi = a\,\frac{\sin\varphi}{\varphi},$$

der für $\varphi = 0$ gleich a wird. Somit ist die Parallele zur Polaxe im Abstand a Asymptote an die Kurve. Man erhält ferner

$$\operatorname{tg}\vartheta = \frac{r}{r'} = -\varphi, \; S_t = -a, \; S_n = -\frac{a}{\varphi^2}.$$

Satz. Die Subtangente der hyperbolischen Spirale ist konstant, wodurch eine einfache Konstruktion der Tangente gegeben ist.

3. Die logarithmische Spirale, Fig. 55, hat die Gleichung $$r = a\, e^{k\varphi}.$$

Dieselbe hat sowohl in der Richtung zum Pol wie auch nach aussen unendlich viele Windungen. Für sie ist also der Pol O wie auch der unendlich ferne Punkt, dem sie zustrebt, ein asymptotischer Punkt. Man erhält

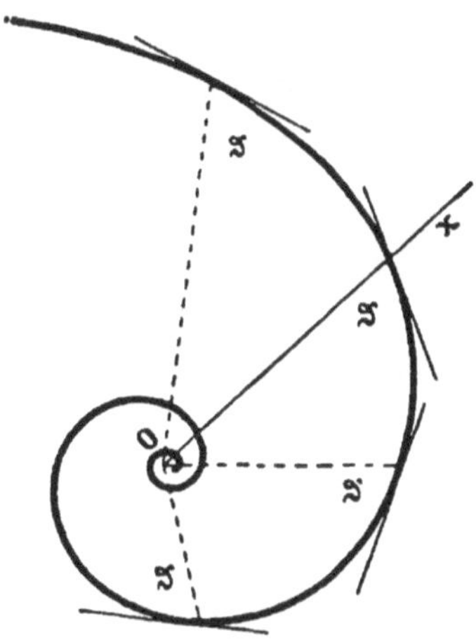

Fig. 55.

$$\operatorname{tg}\vartheta = \frac{1}{a}, \; S_t = \frac{r}{k}, \; S_n = k r,$$

$$T = \frac{r}{k}\sqrt{1 + k^2}, \; N = r\sqrt{1 + k^2}.$$

Hieraus folgt $$N = k\,T.$$

Satz. Für die logarithmische Spirale ist der Winkel zwischen Tangente und Radiusrektor konstant und ist die Normale das k-fache der Tangente.

§ 68. Einhüllende Kurven.

1) Enthält die Kurvengleichung $f(x y \lambda) = 0$ (1) einen willkürlichen Parameter λ, so entspricht jedem Wert λ_1 desselben eine bestimmte Kurve $f(x y \lambda_1) = 0$. Den verschiedenen Werten, welche man der Zahl λ beilegen kann, entsprechen ebenso viele ebene Kurven, die zusammen das bilden, was man eine Kurvenschaar nennt.

Erklärung. Die Gleichung $f(x y \lambda) = 0$ stellt bei veränderlichen λ eine einfach unendliche Schaar von ebenen Kurven dar.

Legt man dem Parameter λ den Wert $\lambda + \triangle \lambda$ bei, so erhält man eine zweite Kurve

$$f(x y, \lambda + \triangle \lambda) = 0, \qquad (2)$$

welche die erste in den Punkten $p p' p'' \ldots$ schneiden möge.

Die Koordinaten dieser Punkte müssen die beiden Gleichungen (1) und (2) befriedigen und somit auch die folgende

$$\frac{1}{\triangle \lambda}\left\{f(x y, \lambda + \triangle \lambda) - f(x y, \lambda)\right\} = 0 \qquad (3)$$

Nähert sich nun hierin $\triangle \lambda$ der Grenze 0, so werden auch die Punkte $p p' p'' \ldots$ eine bestimmte Grenzlage $P P' P'' \ldots$ annehmen, deren Koordinaten offenbar nicht nur der Gleichung (1) sondern auch der folgenden genügen müssen

$$\frac{\partial f(x y \lambda)}{\partial \lambda} = 0, \qquad (4)$$

in welche (3) für $\triangle \lambda = 0$ übergeht.

Auf jeder Kurve des Systems (1) liegen derartige Punkte $P P' P'' \ldots$, deren Koordinaten sich durch Berechnung von x und y aus (1) und (4) ermitteln lassen. Der geometrische Ort aller dieser Punkte ist eine neue Kurve, die man durch Elimination von λ aus (1) und (4) erhält. Man nennt die Kurve die „Einhüllende" (Enveloppe) der Kurven (1) und diese selbst die „Eingehüllten".

Erklärung. Der durch die beiden Gleichungen

$$f(x\,y\,\lambda)=0,\ \frac{\partial f}{\partial \lambda}=0,$$

wo λ nur willkürlicher Parameter ist, bestimmte geometrische Ort, heisst die Einhüllende der Kurvenschaar (1).

2. Um eine bestimmte Kurve aus dem System (1) herauszunehmen, kann man λ als konstant betrachten, dann berechnet sich der Richtungskoeffizient der Tangente in einem bestimmten Punkt derselben aus

$$\frac{\partial f}{\partial x}dx+\frac{\partial f}{\partial y}dy=0.$$

Soll auch der Richtungskoeffizient in einem bestimmten Punkt der Einhüllenden gefunden werden, so kann man auch die Gleichung (1) als Gleichung der letzteren ansehen unter der Annahme, dass λ nicht konstant, sondern eine Funktion von x und y ist. Dies vorausgesetzt ergiebt sich durch Differentiation:

$$\frac{\partial f}{\partial x}dx+\frac{\partial f}{\partial y}dy+\frac{\partial f}{\partial \lambda}d\lambda=0.$$

Da nun aber nach (4) das letzte Glied dieser Gleichung selbst verschwindet, so sieht man, dass wenn P(x y) ein Schnittpunkt der Eingehüllten mit der Einhüllenden ist, gilt der

Satz. Jede Kurve des Systems (1) berührt

die Einhüllende in allen Punkten, in denen sie dieselbe trifft.

Beispiele.

1. Welches ist die Einhüllende einer Geraden, die von den Koordinatenaxen die Stücke λ und μ von konstanter Summe $\lambda + \mu = a$ abschneidet?

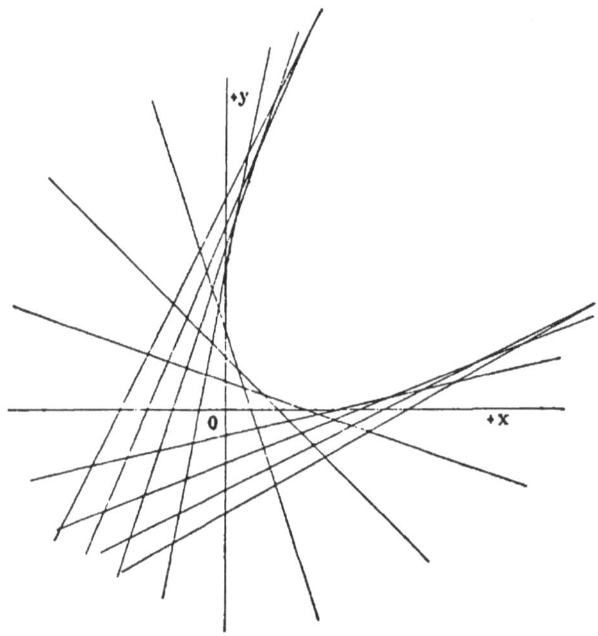

Fig. 56.

Man erhält als Gleichung der Geradenschar

$$\frac{x}{\lambda} + \frac{y}{a - \lambda} = 1 \text{ oder } x(a - \lambda) + \lambda y - \lambda a + \lambda^2 = 0$$

und durch partielle Ableitung nach λ hieraus:

$$-x + y - a + 2\lambda = 0.$$

Durch Elimination von λ aus beiden Gleichungen ergiebt sich als Gleichung der Einhüllenden

$$(x + y - a)^2 - 4xy = 0,$$

die eine Parabel darstellt, die sich in inverser Lage § 5 befindet.

2. Ein rechter Winkel bewegt sich so, dass sein Scheitel beständig auf der y-Axe weitergleitet und ein Schenkel durch einen festen Punkt (a, o) auf der x-Axe geht. Welches ist die Einhüllende des andern Schenkels?

Schneidet der durch (a, 0) gehende Schenkel des rechten Winkels die y-Axe im Punkt $(0, \lambda)$, so ist die Gleichung der Linienschaar (Gleichung des andern Schenkels) angegeben durch

$$ax - \lambda y + \lambda^2 = 0.$$

Durch partielle Ableitung nach λ folgt hieraus

$$-y + 2\lambda = 0$$

und durch Elimination von λ aus beiden Gleichungen als Gleichung der Umhüllungslinie

$$y^2 - 4ax^2 = 0.$$

Dieselbe ist somit eine Parabel mit dem Parameter 2a, welche die y-Axe in $x = 0$ berührt.

3. Welches ist die Umhüllungslinie aller Ellipsen, für welche die Summe der Halbaxen konstant $= a$ ist?

Man findet als Gleichung der Ellipsenschaar

$$(a - \lambda)^2 x^2 + \lambda^2 y^4 - \lambda^2 (a - \lambda)^2 = 0$$

und hieraus durch partielle Ableitung nach λ und Division mit 2

$$(\lambda - a) x^2 + \lambda y^2 + \lambda (2\lambda - a)(a - \lambda) = 0.$$

Die Elimination von λ aus beiden Gleichungen liefert als Gleichung der Einhüllenden

$$x^{\frac{2}{3}} + y^{\frac{2}{3}} = a^{\frac{2}{3}}.$$

Dieselbe ist eine Kurve 6. Ordnung mit vier Spitzen, welche die in Fig. 57 angegebene Gestalt hat und als **Asteroide** bezeichnet wird.

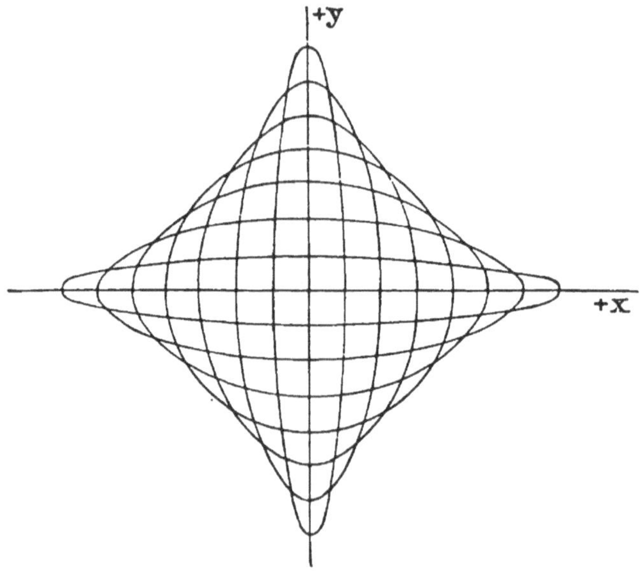

Fig. 57.

§ 69. Anwendung der Differentialrechnung zur Quadratur der Kurven.

Es sei $y = f(x)$ eine Funktion von x, welche innerhalb des Gebiets $x = x$ bis $x = a$ endlich und stetig ist, dann zeigt auch die durch $y = f(x)$ dargestellte Kurve zwischen den Punkten P und Q mit den Abscissen x und a einen stetigen Verlauf.

Der Inhalt der von den Ordinaten PA und QB, der Abscissenaxe und dem Kurvenbogen PQ begrenzten Fläche sei U. Um dieselbe näherungsweise zu berechnen, teile man wie in § 11 die Strecke $AB = OB - OA = a - x$ in n gleiche Teile von der Länge $\triangle x$ und errichte in den Teilpunkten die zugehörigen Ordinaten $f(x + \triangle x)$, $f(x + 2\triangle x)$, . . ., $f(x + n\triangle x)$, wo $x + n\triangle x = a$ ist, dann wird die Fläche U in n Streifen zerlegt, die näherungsweise als Rechtecke von der

Breite $\triangle x$ und den Längen $f(x)$, $f(x + \triangle x)$, ..., $f(x + [n - 1] \triangle x)$ oder als solche von der gleichen Breite $\triangle x$ und den Längen $f(x + \triangle x)$, $f(x + 2 \triangle x)$, ..., $f(x + n \triangle x)$ angesehen werden können. Bezeichnet man die Summe der ersteren mit U_n, die der letztern mit U_n', so ist

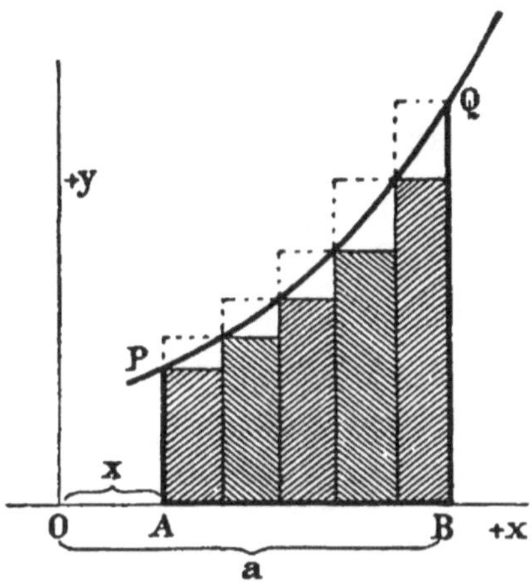

Fig. 58.

$$U_n = f(x)\triangle x + f(x + \triangle x)\triangle x + \dots \\ + f(x + [n-1]\triangle x)\triangle x,$$

$$U_n' = f(x + \triangle x)\triangle x + f(x + 2\triangle x)\triangle x + \dots \quad (1) \\ + f(x + n\triangle x)\triangle x.$$

Jedes Glied dieser Summen wird für $n = \infty$ unendlich klein und stellt alsdann einen unendlich kleinen Streifen der Fläche U dar, den man als Flächenelement bezeichnet.

Ein Blick auf die Figur zeigt, dass der Wert von U zwischen dem von U_n und U_n' liegt. Es ist daher

$$U_n < U < U_n' \quad (2)$$

Mit Berücksichtigung der Bedingung $x + n\triangle x = a$ erhalten wir durch Subtraktion der Gleichungen (1)

$$U_n' - U_n = \triangle x \left\{ f(a) - f(x) \right\}. \tag{3}$$

Lässt man hierin n immer grösser und damit $\triangle x$ immer kleiner werden, so nähert sich die rechte Seite dieser Gleichung mehr und mehr der Grenze Null, d. h. es ist

$$\lim_{n=\infty} (U_n' - U_n) = 0 \text{ oder}$$

$$\lim U_n = \lim U_n' \tag{4}$$

Diese Gleichung kann aber neben den Bedingungen (2) offenbar nur bestehen, wenn

$$\lim U_n = U = \lim U_n' \tag{5}$$

ist. Es gilt somit der

Satz. Jede der Summen U_n oder U_n' nähert sich bei unendlich wachsendem n dem Grenzwert U, der geometrisch den Inhalt der Fläche PABQ darstellt.

Entwickelt man nach dem Satz von Taylor § 43 in einer der Summen (1) z. B. in U_n jeden der Summanden $f(x + k\triangle x)$, $k = 0, 1, 2, \ldots, n-1$, nach Potenzen von $k\triangle x$ und fasst die Koeffizienten gleich hoher Potenzen von $\triangle x$ zusammen, so geht U_n über in

$$U_n = \triangle x \left\{ n f(x) + \frac{\triangle x}{1} S_1 f'(x) + \frac{\triangle x^2}{2!} S_2 f''(x) + \ldots \right\} \tag{6}$$

wo $S_k = 1^k + 2^k + 3^k + \ldots + n^k$ die Summe der k^{ten} Potenzen der n ersten Zahlen bezeichnet. Setzt man hierin an Stelle von $\triangle x$ den Quotienten $\frac{a-x}{n}$, so nimmt U_n die Gestalt an:

$$U_n = (a-x) f(x) + \frac{(a-x)^2}{1!} f'(x) \frac{S_1}{n^2} + \frac{(a-x)^3}{2!} f''(x) \frac{S_2}{n^3} + \ldots, \tag{7}$$

welche sogleich in $\lim U_n$ übergeht, wenn man an Stelle der Quotienten $\frac{S_1}{n^2}, \frac{S_2}{n^3}, \ldots$ deren Grenzwerte einsetzt. Letztere sind aber nach § 8, b gleich $\frac{1}{2}, \frac{1}{3}, \ldots$ Somit ist der Inhalt der Fläche $U = PABQ$ dargestellt durch den Ausdruck

$$U = \lim U_n = (a-x) f(x) + \frac{(a-x)^2}{2!} f'(x) + \frac{(a-x)^3}{3!} f''(x) + \ldots, \quad (8)$$

der eine nach Potenzen von $a - x$ fortschreitende konvergente Potenzreihe repräsentiert, deren Summe $\lim U_n = \lim U_n' = U$ ist. Somit gilt der

Satz. Ist $y = f(x)$ die Gleichung einer zwischen den Punkten P und Q mit den Abscissen x und a stetig verlaufenden Kurve, so lässt sich der Flächeninhalt U durch eine nach Potenzen von $a - x$ fortschreitende konvergente Potenzreihe darstellen, deren Koeffizienten durch Ableitung von f(x) erhalten werden.

Ist $x = 0$, d. h. liegt der Punkt P auf der y-Axe, so ist der Inhalt U des Flächenstücks POBQ, Fig. 59, dargestellt durch

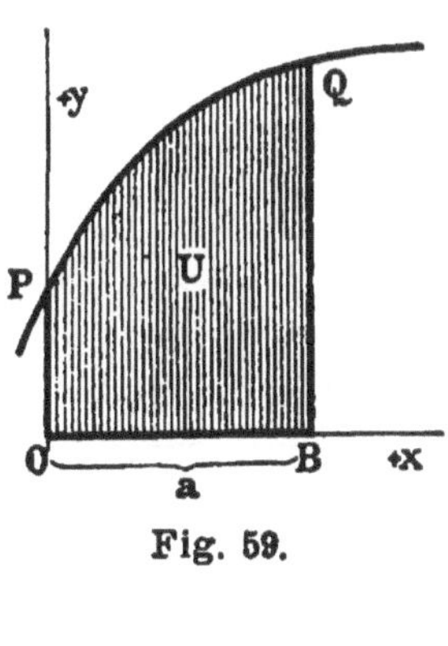

Fig. 59.

$$U = a f(0) + \frac{a^2}{2!} f'(0) + \frac{a^3}{3!} f''(0) + \dots \quad (9)$$

Beispiele.

1. Um das Flächenstück zu berechnen, das von der Parabel $y = p x^n$ der x-Axe und der Ordinate QB des Punkts Q mit der Abscisse a eingeschlossen wird, erhält man

$$f(0) = f'(0) = \dots = f^{(n-1)}(0) = 0, \quad f^{(n)}(0) = p n!,$$

daher ist nach Formel (9)

$$U = \frac{a^{n+1}}{(n+1)!} p n! = p \frac{a^{n+1}}{n+1}.$$

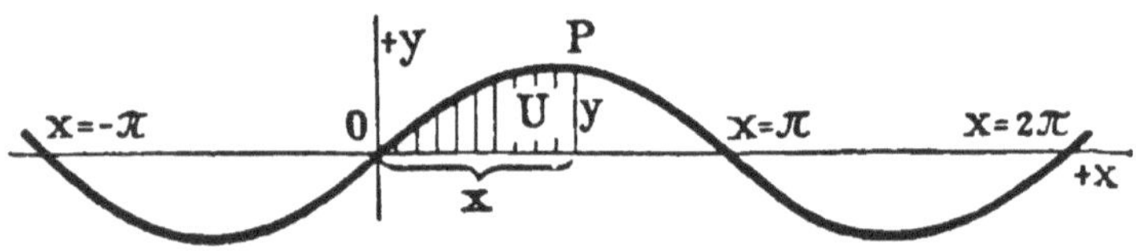

Fig. 19.

2. Zur Berechnung der Fläche U der Sinuslinie $y = \sin x$ in § 11, Fig. 19, erhält man
$f(x) = \sin x$, $f'(x) = \cos x$, $f''(x) = -\sin x$, $f'''(x) = -\cos x$, etc. und daher nach Formel (9)

$$U = \frac{a^2}{2!} - \frac{a^3}{3!} + \frac{a^5}{5!} - \frac{a^7}{7!} + \dots = 1 - \cos a.$$

Siehe § 46.

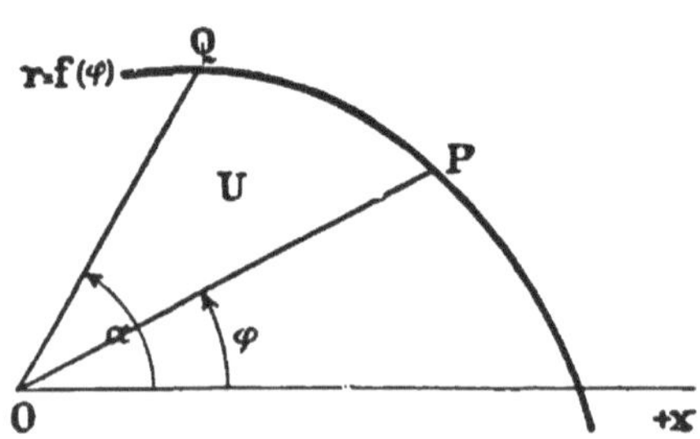

Fig. 60.

Anmerkung. Ist die Gleichung der Kurve in Polarkoordinaten gegeben $r = f(\varphi)$, so ist der Flächeninhalt U, der von den Radienvektoren OP und OQ mit den Amplituden φ und α und dem Kurvenbogen PQ eingeschlossen ist Fig. (60), dargestellt durch die Reihe

$$U = \frac{1}{2}\left\{(\alpha-\varphi) f^2 + \frac{1}{2!}(\alpha-\varphi)^2 \frac{d f^2}{d\varphi} + \frac{1}{3!}(\alpha-\varphi)^3 \frac{d^2 f^2}{d\varphi^2} + \ldots,\right\}$$

die in ähnlicher Weise herzuleiten ist, wie die Reihe (8).

Beispiele.

1. Für die archimedische Spirale ist $r = a\varphi$, daher $r^2 = a^2\varphi^2 = f^2$, und somit der Flächeninhalt zwischen den Amplituden φ und α

$$U = \frac{1}{2}\left\{(\alpha-\varphi) a^2\varphi^2 + \frac{1}{2!}(\alpha-\varphi)^2\, 2a^2\varphi + \frac{1}{3!}(\alpha-\varphi)^3\, 2a^2\right\} = \frac{a^2}{6}(\alpha^3-\varphi^3).$$

2. Für die hyperbolische Spirale § 67 ist $r\varphi = a$, $r^2 = f^2 = \frac{a^2}{\varphi^2}$, somit

$$U = \frac{a^2}{2}\left\{(\alpha-\varphi)\varphi^{-2} - \frac{1}{2!}(\alpha-\varphi)^2\, 2\,\varphi^{-3} + \frac{1}{3!}(\alpha-\varphi)^3\, 2\,.\,3\,\varphi^{-4} - \ldots\right\}$$

$$= \frac{a^2(\alpha-\varphi)}{2\varphi^2}\left\{1 - \frac{(\alpha-\varphi)}{\varphi} + \frac{(\alpha-\varphi)^2}{\varphi^2} - \frac{(\alpha-\varphi)^3}{\varphi^3} + \ldots\right\}$$

$$= \frac{a^2(\alpha-\varphi)}{2\varphi^2}\left(\frac{1}{1+\frac{\alpha-\varphi}{\varphi}}\right) = \frac{a^2}{2}\,\frac{\alpha-\varphi}{\alpha\varphi}.$$

3. Für die log. Spirale § 67 ist

$$r = a e^{k\varphi}, \; r^2 = f^2 = a^2 e^{2k\varphi}, \text{ somit}$$

$$U = \frac{1}{2}\left\{(\alpha - \varphi) a^2 e^{2k\varphi} + \frac{1}{2!}(\alpha - \varphi)^2 a^2 2k e^{2k\varphi}\right.$$

$$\left. + \frac{1}{3!}(\alpha - \varphi)^3 a^2 4k^2 e^{2k\varphi} + \ldots\right\} = \frac{a^2}{4k}(e^{2k\alpha} - e^{2k\varphi}).$$

IX. Abschnitt.

Anwendung der Differentialrechnung auf die Mechanik.

---

§ 70. Geradlinige Bewegung eines Punkts.

Die Bewegung eines Punkts in einer geraden Linie kann gleichförmig oder ungleichförmig sein.

Erklärung. Eine Bewegung heisst gleichförmig, wenn in beliebigen gleichen Zeiten gleiche Wege zurückgelegt werden.

Erklärung. Unter der Geschwindigkeit der gleichförmigen Bewegung versteht man den Weg, den ein Körper in der Zeiteinheit zurücklegt.

Bezeichnen wir diese mit v, so legt derselbe in t Sekunden den Weg

$$s = v t \tag{1}$$

zurück.

Erklärung. Eine Bewegung heisst ungleichförmig, wenn nicht in beliebigen gleichen Zeiten gleiche Wege zurückgelegt werden.

Eine solche Bewegung lässt sich durch die Gleichung angeben

$$s = f(t),$$

in welcher der zurückgelegte Weg in Funktion der Zeit ausgedrückt wird.

Giebt dieselbe für die Zeit $t + \Delta t$ den Abstand

$$s + \Delta s = f(t + \Delta t)$$

an, so ist der in der Zeit Δt zurückgelegte Weg

$$\Delta s = f(t + \Delta t) - f(t). \qquad (2)$$

Stellt man sich nun vor, die Geschwindigkeit des Punkts auf dem Weg Δs während des Zeitteils Δt sei konstant, so bezeichnet man den Ausdruck

$$\frac{\Delta s}{\Delta t} = \frac{1}{\Delta t}\left\{ f(t+\Delta t) - f(t) \right\} \qquad (3)$$

als mittlere Geschwindigkeit während des Zeitteils Δt.

Die Bewegung während desselben ist aber durch (3) nicht genau charakterisiert. Die Bewegung kann z. B. am Anfang eine langsamere sein, dann eine raschere werden, so dass schliesslich doch die gleiche mittlere Geschwindigkeit resultiert. Man wird aber die wahre Geschwindigkeit um so genauer kennen lernen, je kleiner die Zeit Δt ist, in welcher der Weg Δs zurückgelegt wird.

Erklärung. Unter der Geschwindigkeit der ungleichförmigen Bewegung versteht man in der Mechanik den Grenzwert, gegen welchen der Ausdruck (3) oder die mittlere Geschwindigkeit in einem darauffolgenden Zeitteil Δt konvergiert, wenn $\Delta t = 0$ wird.

$$v = \lim_{\Delta t = 0} \frac{\Delta s}{\Delta t} = \frac{ds}{dt} = f'(t). \qquad (4)$$

Eine ungleichförmige Bewegung kann gleichförmig oder ungleichförmig beschleunigt sein, je nachdem die Geschwindigkeit in beliebigen gleichen Zeiten um gleichviel oder nicht gleichviel zunimmt.

Erklärung. Unter der Beschleunigung versteht man die Zunahme der Geschwindigkeit in der Zeiteinheit.

Aendert sich in der Zeit $\triangle t$ die Geschwindigkeit um $\triangle v$, so ist

$$\triangle v = f'(t + \triangle t) - f'(t).$$

Man nennt alsdann

$$\frac{\triangle v}{\triangle t} = \frac{1}{\triangle t}\left\{f'(t + \triangle t) - f'(t)\right\} \tag{5}$$

die durchschnittliche oder mittlere Beschleunigung während des Zeitteils $\triangle t$.

Erklärung. Unter der Beschleunigung p der ungleichförmigen Bewegung versteht man den Grenzwert, gegen welchen der Ausdruck (5) in einem daraufolgenden Zeitteil $\triangle t$ konvergiert, wenn $\triangle t$ verschwindet.

$$p = \lim_{\triangle t = 0} \frac{\triangle v}{\triangle t} = \frac{dv}{dt} = f''(t). \tag{6}$$

Nun ist nach Formel (4)

$$v = \frac{ds}{dt} = f'(t), \text{ daher auch}$$

$$p = \frac{dv}{dt} = \frac{d^2 s}{dt^2} = f''(t). \tag{7}$$

Satz. Bei der ungleichförmigen Bewegung, die durch das Abstandsgesetz $s = f(t)$ definiert ist, hat zu irgend einer Zeit t die Geschwindigkeit den Wert

$$v = \frac{ds}{dt} = f'(t)$$

und die Beschleunigung den folgenden

$$p = \frac{dv}{dt} = \frac{d^2s}{dt^2} = f''(t),$$

womit die geradlinige Bewegung vollständig bestimmt ist.

Die beschleunigte Bewegung kann gleichförmig oder ungleichförmig beschleunigt sein.

Erklärung. Eine Bewegung heisst gleichförmig beschleunigt, wenn die Geschwindigkeit in gleichen Zeiten um gleichviel zunimmt oder wenn die Beschleunigung konstant ist.

Setzt man diese Beschleunigung gleich der konstanten Grösse p, so ist

$$\frac{d^2s}{dt^2} = p. \tag{8}$$

Diese Grösse ist offenbar durch Differentiation nach t hervorgegangen aus

$$\frac{ds}{dt} = pt + v_0, \tag{9}$$

und diese wieder aus

$$s = \frac{1}{2}pt^2 + v_0 t + s_0, \tag{10}$$

wo v_0 und s_0 konstante Grössen bezeichnen.

Ist für $t = 0$, d. h. bei Beginn der Bewegung $v = 0$ und $s = 0$, so ist auch $s_0 = 0$ und $v_0 = 0$ und erhält man

$$\left.\begin{aligned} s &= \frac{1}{2}pt^2 \\ v &= pt \end{aligned}\right\} \tag{11}$$

Hieraus folgt durch Elimination von t:

$$\frac{v^2}{2} = ps. \tag{12}$$

Satz. Bei der gleichförmig beschleunigten Bewegung ist der Weg proportional dem Quadrat der Zeit, die Geschwindigkeit proportional der einfachen Potenz der Zeit und das Quadrat der Geschwindigkeit proportional dem zurückgelegten Weg.

§ 71. Anwendung auf den freien Fall und den senkrechten Wurf aufwärts.

1. Für den freien Fall im luftleeren Raum ist erfahrungsgemäss für unsere Breite die Beschleunigung gleich der Anziehungskraft der Erde

$$p = \frac{d^2 s}{d t^2} = g = 9{,}81 \text{ m}. \tag{1}$$

Es ist somit

$$v = \frac{d s}{d t} = g t + c_1.$$

Ist bei Beginn der Bewegung (für $t = 0$) die Geschwindigkeit $v = 0$, so folgt hieraus $c_1 = 0$; somit ist

$$v = \frac{d s}{d t} = g t. \tag{2}$$

Dieser Ausdruck ist aber offenbar durch Ableitung nach t aus dem folgenden hervorgegangen

$$s = \frac{1}{2} g t^2 + c_2,$$

wo $c_2 = 0$ wird, wenn für $t = 0$ auch $s = 0$ ist.

Satz. Der freie Fall eines Körpers im luftleeren Raum ist bestimmt durch die Gleichungen

$$\left.\begin{aligned} s &= \frac{1}{2} g t^2 \\ v &= g t \\ \frac{v^2}{2} &= g s \end{aligned}\right\} \tag{3}$$

2. Wird ein Körper mit der Anfangsgeschwindigkeit v_0 senkrecht aufwärts geworfen, so ist

$$\frac{d^2 s}{d t^2} = -g \tag{4}$$

eine Gleichung, die hervorgegangen ist aus

$$v = \frac{d s}{d t} = -g t + c. \tag{5}$$

Da für $t = 0$ $v = v_0$ sein soll, so folgt hieraus $c = v_0$ und geht diese Gleichung über in

$$v - v_0 = -g t. \tag{6}$$

Diese wird aber offenbar durch Differentiation nach t erhalten aus

$$s = -\frac{1}{2} g t^2 + v_0 t + c_1,$$

wo die Konstante $c_1 = 0$ zu setzen ist, wenn für $t = 0$ auch $s = 0$ ist.

Satz. Der senkrechte Wurf aufwärts ist bestimmt durch die Gleichungen

$$\left.\begin{aligned} v &= v_0 - g t \\ s &= -\frac{1}{2} g t^2 + v_0 t \\ \frac{1}{2}\left(v_0{}^2 - v^2\right) &= g s \end{aligned}\right\} \tag{7}$$

Die Geschwindigkeit wird $v = 0$ für $t = \frac{v_0}{g}$ und $s = \frac{v_0{}^2}{2 g}$.

Satz. Wird im luftleeren Raum ein Körper senkrecht aufwärts geworfen, so steigt er $t = \frac{v_0}{g}$ Sekunden und erreicht dabei eine Höhe von $s = \frac{v_0{}^2}{2 g}$ Meter.

Den gleichen Weg hat er nachher beim Fallen zurückzulegen. Setzt man daher diesen Wert von s in $s = \frac{1}{2} g t^2$ ein, so ergiebt sich als Zeit, die er beim Fallen zurückzulegen hat, ebenfalls der Wert $t = \frac{v_0}{g}$.

Satz. Wird ein Körper senkrecht aufwärts geworfen, so braucht er zum Steigen die gleiche Zeit wie nachher zum Fallen.

Eine Folge dieses Resultats ist auch der folgende

Satz. In gleichen Höhen ist die Geschwindigkeit beim Steigen dieselbe wie beim Fallen.

§ 72. Krummlinige Bewegung eines Körpers.

1. Ein Körper kann sich entweder frei unter dem Einfluss von Kräften bewegen oder auch genötigt sein, diese Bewegung auf einer gegebenen krummen Linie oder Fläche auszuführen. Man spricht dann im ersten Fall von einer freien, im zweiten von einer gezwungenen oder unfreien Bewegung.

Wird beispielsweise ein Körper unter einem Winkel schief aufwärts geworfen, so beschreibt er eine Parabel. Diese Bewegung — die parabolische — ist eine freie, die nur unter dem Einfluss der Schwerkraft näher modifiziert wird. Bewegt sich dagegen ein Körper am Endpunkt einer Schnur, auf einem Kreis oder einer Kugelfläche, so heisst eine solche Bewegung eine gezwungene oder unfreie.

2. Auch die krummlinige Bewegung kann gleichförmig oder ungleichförmig sein.

Erklärung. Eine gleichförmige krummlinige Bewegung ist eine solche, bei welcher in gleichen Zeiten gleiche Bögen beschrieben werden.

Die Geschwindigkeit einer gleichförmigen krummlinigen Bewegung ist konstant und gleich dem Quotienten aus dem zurückgelegten Weg dividiert durch die aufgewendete Zeit.

3. Erklärung. Eine krummlinige Bewegung heisst ungleichförmig, wenn nicht in beliebigen gleichen Zeiten gleiche Bögen beschrieben werden.

Bewegt sich ein Punkt auf einer gegebenen Kurve nach einem gegebenen Bogenabstandsgesetz

$$s = f(t),$$

so versteht man unter der Bogengeschwindigkeit wie in § 69 den Ausdruck

$$v = \frac{ds}{dt} = f'(t) \tag{1}$$

und unter der Bogenbeschleunigung den folgenden

$$p = \frac{d^2 s}{dt^2} = \frac{dv}{dt} = f''(t) \tag{2}$$

Unter der Richtung der Geschwindigkeit versteht man die jeweilige Richtung der Bewegung oder die Richtung der Tangente in dem bewegten Kurvenpunkt.

Schneidet eine Sekante, die mit den drei rechtwinkligen Koordinatenaxen des Raums die Winkel α, β, γ macht, die Kurve in den benachbarten Punkten P und P' mit den Koordinaten $x y z$; $x + dx$, $y + dy$, $z + dz$, so sind

$$dx = ds \cdot \cos\alpha,\quad dy = ds \cos\beta,\quad dz = ds \cos\gamma \tag{2}$$

die Projektionen des Bogenelements ds auf die drei Koordinatenaxen.

Erklärung. Man bezeichnet als Komponenten der (Bogen-)Geschwindigkeit $v = \frac{ds}{dt}$ die Projektionen derselben

$$v_x = \frac{dx}{dt} = v\cos\alpha,\quad v_y = \frac{dy}{dt} = v\cos\beta,\quad v_z = \frac{dz}{dt} = v\cos\gamma \quad (3)$$

auf die drei Koordinatenaxen.

Durch Quadrieren und Addieren ergiebt sich hieraus

$$\left.\begin{aligned} v^2 &= v_x^2 + v_y^2 + v_z^2 \text{ oder} \\ v &= \sqrt{\left(\frac{dx}{dt}\right)^2 + \left(\frac{dy}{dt}\right)^2 + \left(\frac{dz}{dt}\right)^2} \end{aligned}\right\} \quad (4)$$

Ebenso bezeichnet man als Komponenten der (Tangential-)Beschleunigung $\frac{dv}{dt} = \frac{d^2s}{dt^2}$ die Ausdrücke

$$p_x = \frac{d^2x}{dt^2},\quad p_y = \frac{d^2y}{dt^2},\quad p_z = \frac{d^2z}{dt^2}, \text{ oder} \quad (5)$$

$$p_x = \frac{dv}{dt}\cos\alpha,\quad p_y = \frac{dv}{dt}\cos\beta,\quad p_z = \frac{dv}{dt}\cos\gamma. \quad (5')$$

Hieraus findet man

$$\left(\frac{dv}{dt}\right)^2 = \left(\frac{d^2s}{dt^2}\right)^2 = p_x^2 + p_y^2 + p_z^2. \quad (6)$$

3. Jede Bewegung, welcher Art sie auch sein mag, ist das Resultat einer Kraft, ohne Kraft kann keine Bewegung stattfinden, ebensowenig ein in Bewegung befindlicher Körper zur Ruhe kommen. Diese Thatsache ist ausgedrückt durch das Gesetz der Trägheit von Galilei:

Nur durch die Wirkung einer Kraft kann ein Körper von der Ruhe aus in Bewegung

versetzt oder eine schon vorhandene Bewegung abgeändert werden.

Jede Kraft kann nach dem Gesetz vom Parallelogramm der Kräfte in andere Kräfte — Komponenten — zerlegt oder mehrere auf einen Punkt wirkenden Kräfte zu einer einzigen — Resultante — zusammengesetzt werden. Wir werden uns deshalb mit dieser allein beschäftigen können.

Erklärung. Unter der Richtung einer Kraft versteht man die Richtung, in welcher sich ein Punkt oder ein Körper unter dem Einfluss derselben zu bewegen anfängt.

Erklärung. Unter der Grösse der Kraft versteht man in der Mechanik das Produkt aus Masse m und Beschleunigung p

$$F = m p,$$

wo m die in der Physik definierte Bedeutung der Masse hat.

Hat man als wirkende Kraft die Anziehungskraft der Erde, so ist $p = g = 9{,}81$ und F gleich dem Gewicht des Körpers.

Satz. Die Anziehungskraft der Erde oder die Beschleunigung der Schwere erteilt der Masse m eine Kraft, die gleich ihrem Gewicht ist

$$Q = m g.$$

Wirkt auf einen Punkt P (x y z) die Kraft F (oder auch mehrere Kräfte, deren Resultante F ist) mit den Komponenten X, Y, Z, so ist die Bewegung des Punktes bestimmt durch die Differentialgleichungen der Dynamik

$$\left.\begin{aligned} m\frac{d^2x}{dt^2} &= X \\ m\frac{d^2y}{dt^2} &= Y \\ m\frac{d^2z}{dt^2} &= Z, \end{aligned}\right\} \tag{7}$$

die man auch in der Form schreiben kann:

$$m\frac{dv_x}{dt} = X,\ m\frac{dv_y}{dt} = Y,\ m\frac{dv_z}{dt} = Z \tag{8}$$

oder

$$dv_x = \frac{X}{m}dt,\quad dv_y = \frac{Y}{m}dt,\quad dv_z = \frac{Z}{m}dt \tag{9}$$

Hieraus folgt der

Satz. Die Zuwüchse der Geschwindigkeitskomponenten in dem Zeitelement dt sind proportional mit dt selbst und mit den wirkenden Kräften und umgekehrt proportional der Masse m.

Multipliziert man die Gleichungen (7) der Reihe nach mit $\frac{dx}{dt}, \frac{dy}{dt}, \frac{dz}{dt}$ und addiert sie, so folgt die Gleichung

$$m\left(\frac{dx}{dt}\frac{d^2x}{dt^2} + \frac{dy}{dt}\frac{d^2y}{dt^2} + \frac{dz}{dt}\frac{d^2z}{dt^2}\right) = X\frac{dx}{dt} + Y\frac{dy}{dt} + Z\frac{dz}{dt},$$

deren linke Seite sich auch schreiben lässt

$$\frac{m}{2}\frac{d}{dt}\left\{\left(\frac{dx}{dt}\right)^2 + \left(\frac{dy}{dt}\right)^2 + \left(\frac{dz}{dt}\right)^2\right\} = \frac{m}{2}\frac{dv^2}{dt} = \frac{d\left(\frac{m}{2}v^2\right)}{dt}.$$

Somit ist

$$\frac{d\left(\frac{m}{2}v^2\right)}{dt} = X\frac{dx}{dt} + Y\frac{dy}{dt} + Z\frac{dz}{dt}$$

oder $$d\left(\frac{m}{2}v^2\right) = X\,dx + Y\,dy + Z\,dz. \tag{10}$$

Erklärung. Das halbe Produkt $\frac{m}{2}v^2$ aus einer Masse und dem Quadrat ihrer Geschwindigkeit heisst die lebendige Kraft der Masse.

Das Produkt aus Kraft und Weg in der Kraftrichtung heisst (die dem Weg entsprechende) Arbeit der Kraft. Dies vorausgesetzt liefert die Formel (10) den **Satz:** Die Zunahme der lebendigen Kraft, die ein Körper unter dem Einfluss der Kräfte X, Y, Z erlangt, ist gleich der Summe der von jenen Kräften geleisteten (Elementar-) Arbeiten.

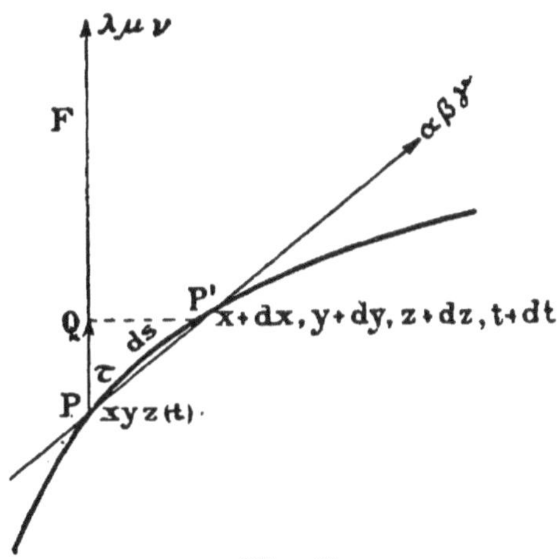

Fig. 61.

Sind $\lambda\mu\nu$ die Winkel, welche die Resultante F der Kräfte X, Y, Z mit den Axen macht, so ist

$$X = F\cos\lambda,\quad Y = F\cos\mu,\quad Z = F\cos\nu.$$

Mit diesen und den Formeln (2) geht der Ausdruck (10) über in

$$d\frac{m v^2}{2} = F ds (\cos\alpha \cos\mu + \cos\beta \cos\mu + \cos\gamma \cos\nu) \text{ oder}$$

$$d\frac{m v^2}{2} = F ds \cos\tau \text{ oder} \qquad (11)$$

$$d\left(\frac{m v^2}{2}\right) = F.\ PQ,$$

wo τ den Winkel bezeichnet, welchen das Kurvenelement ds mit der Richtung der Kraft macht und $ds \cos\tau$ die Projektion des Kurvenelements auf die Kraftrichtung oder der von der Kraft in der Richtung der Kraft zurückgelegte Weg ist. Damit hat man den Satz von der lebendigen Kraft gewonnen.

Satz. Bewegt sich ein Körper unter dem Einfluss einer Kraft, so ist die während der Zeit dt gewonnene lebendige Kraft gleich der Arbeit, welche die Kraft während dieser Zeit in der Richtung der Kraft geleistet hat.

$$d\frac{m v^2}{2} = F ds \cos\tau. \qquad (11)$$

Ist die Kraft F konstant und unabhängig von den Koordinaten des Kurvenpunkts P, so kann man setzen $ds \cos\tau = dy$, womit die Gleichung (11) übergeht in

$$d\frac{m v^2}{2} = F dy,$$

die offenbar durch Differentiation nach t hervorgegangen ist aus

$$\frac{m v^2}{2} = F y + C.$$

Hat der Körper am Ende des Wegs y_0 die Geschwindigkeit v_0 erlangt, so folgt

$$\frac{m v_0^2}{2} = F y_0 + C,$$

womit die oben erhaltene Gleichung übergeht in

$$\frac{m v^2}{2} - \frac{m v_0^2}{2} = F(y - y_0). \qquad (12)$$

§ 73. Anwendung auf den schiefen Wurf.

Wird im luftleeren Raum ein Körper mit einer bestimmten Geschwindigkeit v_0 unter dem Winkel α schief aufwärts geworfen, so würde er sich nach dem Gesetz der Trägheit mit konstanter Geschwindigkeit in gerader Linie weiter bewegen, wenn die Schwerkraft

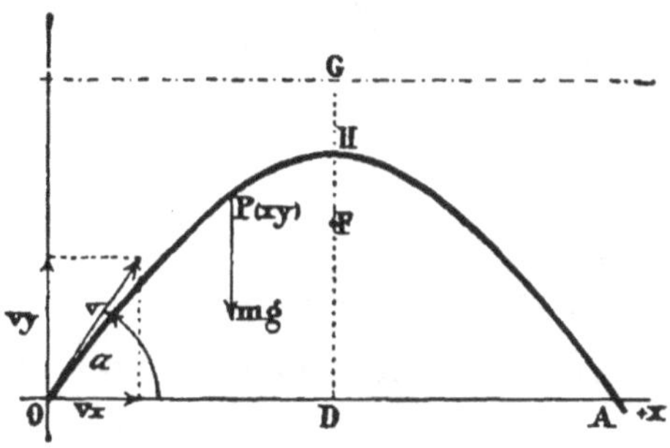

Fig. 62.

nicht auf ihn einwirken würde. Da dies aber der Fall ist, so beschreibt er eine krumme Linie, die ganz in einer Ebene verläuft, nämlich in der Ebene, die von der Richtung der Anfangsgeschwindigkeit und der Richtung der Schwerkraft gebildet wird.

Legen wir den Ursprung des rechtwinkligen Koordinatensystems, Fig. 62, in den Anfangspunkt der Bewegung und bezeichnen einen beliebigen Punkt der Bahn, den der geworfene Körper zur Zeit t erreicht, mit P (x y). Weil nun als einwirkende Kraft nur die Schwerkraft vorhanden ist, die nach Grösse und Richtung konstant ist, so kommt nur eine Komponente in

Betracht, nämlich $Y = -mg$; es lauten daher für den vorliegenden Fall die dynamischen Differentialgleichungen:

$$\left.\begin{aligned} m\frac{d^2x}{dt^2} &= 0, \\ m\frac{d^2y}{dt^2} &= -mg \end{aligned}\right\} \text{ oder } \left.\begin{aligned} \frac{d^2x}{dt^2} &= 0 \\ \frac{d^2y}{dt^2} &= -g \end{aligned}\right\} \qquad (1)$$

Diese sind offenbar durch Differentiation nach t hervorgegangen aus

$$\frac{dx}{dt} = a, \quad \frac{dy}{dt} = -gt + b \qquad (2)$$

und diese wieder aus

$$x = at + c, \quad y = -\frac{1}{2}gt^2 + bt + d, \qquad (3)$$

wo a, b, c, d Konstante bezeichnen.

Da nun der Annahme gemäss der Anfangspunkt der Bewegung ($t = 0$) im Ursprung des Koordinatensystems $x = 0$, $y = 0$ liegen soll, so folgt hieraus $c = 0$, $d = 0$. Da ferner die Anfangsgeschwindigkeit v_0 mit den Komponenten $v_0 \cos\alpha$, $v_0 \sin\alpha$ gegeben ist, so folgt aus (2)

$$\left.\frac{dx}{dt}\right|_{t=0} = a = v_0 \cos\alpha, \quad \left.\frac{dy}{dt}\right|_{t=0} = b = v_0 \sin\alpha.$$

Damit gehen die Gleichungen (2) und (3) über in

$$v_x = \frac{dx}{dt} = v_0 \cos\alpha, \quad v_y = \frac{dy}{dt} = -gt + v_0 \sin\alpha \qquad (2)^*$$

$$\left.\begin{aligned} x &= v_0 \cos\alpha\, t \\ y &= v_0 \sin\alpha\, t - \frac{1}{2}gt^2 \end{aligned}\right\} \qquad (3)^*$$

womit die Bewegung vollständig bestimmt ist.

Durch Elimination von t aus den Gleichungen (3)* ergiebt sich als Gleichung der Flugbahn

$$y = x \operatorname{tg} \alpha - \frac{g x^2}{2 v_0^2 \cos^2 \alpha}, \tag{4}$$

die eine Parabel darstellt, welche durch den Ursprung geht, die Scheitelkoordinaten

$$\xi = O D = \frac{v_0^2}{g} \sin \alpha \cos \alpha, \quad \eta = H D = \frac{v_0^2}{2 g} \sin^2 \alpha \tag{5}$$

und den Parameter

$$p = F G = \frac{v_0^2}{g} \cos^2 \alpha \tag{6}$$

besitzt.

Für $y = 0$ ergiebt sich aus Gleichung (4) nach Fig. 62 als Wurfweite $O A = \frac{2 v_0^2}{g} \sin \alpha \cos \alpha = \frac{v_0^2}{g} \sin 2 \alpha$, die für $\sin 2 \alpha = 1$ oder $\alpha = 45^0$ ihren grössten Wert erreicht.

Die Wurfhöhe $H D = \frac{v_0^2}{2 g} \sin^2 \alpha$ erhält ihren Maximalwert für $\sin \alpha = 1$, oder $\alpha = 90^0$.

Satz. Bei einerlei Anfangsgeschwindigkeit wird die grösste Wurfweite erreicht, wenn der Körper unter einem Winkel von $\alpha = 45^0$ schief aufwärts geworfen wird, desgl. die grösste Wurfhöhe, wenn er senkrecht aufwärts geworfen wird.

Die Direktrix der durch (4) dargestellten parabolischen Bahn ist parallel zur x-Axe und geht durch den Endpunkt, der bei senkrechtem Wurf aufwärts erreicht wird. Da ihre Entfernung $G D = \frac{v_0^2}{2 g}$ von der x-Axe unabhängig von α ist, so gilt der

Satz. Werden mehrere Körper mit derselben Anfangsgeschwindigkeit unter verschiedenen Winkeln aufwärts geworfen, so beschreiben dieselben ebensoviele Parabeln, die sämtlich die gleiche Direktrix besitzen.

Sieht man in Gleichung (4) α als veränderlich an, so stellt dieselbe eine Schaar von Parabeln dar, deren Umhüllungslinie die Gleichung hat

$$x^2 = \frac{2 v_0^2}{g}\left(\frac{v_0^2}{2 g} - y\right). \qquad (7)$$

Diese ist eine Parabel, deren Brennpunkt im Wurfpunkt und deren Scheitel in der y-Axe in der Entfernung $\frac{v_0^2}{2g}$ von der x-Axe liegt (welche also die Direktrix obiger Parabelbahnen in $x = 0$, $y = \frac{v_0^2}{2g}$ berührt). Das zugehörige Drehungsparaboloid ist bei gewissen Springbrunnen als Aussenfläche einer Garbe von Wasserstrahlen zu beobachten.

Die Brennpunkte aller durch (4) dargestellten parabolischen Bahnen mit den Koordinaten

$$\xi = \frac{v_0^2}{2g} \sin 2\alpha, \quad \eta = -\frac{v_0^2}{2g} \cos 2\alpha \qquad (8)$$

liegen auf einem Kreis vom Radius $\frac{v_0^2}{2g}$ um den Ursprung 0, der die Gleichung hat:

$$\xi^2 + \eta^2 - \frac{v_0^4}{4 g^2} = 0. \qquad (9)$$

Eliminiert man aus den Gleichungen (5) die Grösse α, so folgt als Gleichung des geometrischen Orts, den der Scheitel dieser Parabeln beschreibt, Fig. 63

$$\xi^2+4\eta^2-\frac{2v_0^2}{g}\eta=0. \quad (10)$$

Derselbe ist eine Ellipse, welche die x-Axe und die Direktrix in $x=0$ berührt und die Halbaxen

$$\frac{v_0^2}{2g}, \frac{v_0^2}{4g}$$

besitzt.

Quadriert und addiert man die Gleichungen (2)*, so erhält man mit Benützung von (3)*

$$v^2=v_0^2-2gy. \quad (11)$$

Dies ist aber derselbe Ausdruck, den wir auch in § 70 für die Geschwindigkeit eines senkrecht aufwärts geworfenen Körpers erhalten haben. Da derselbe von α unabhängig ist, so gilt der

Satz. Werden eine Reihe von Körpern mit der gleichen Anfangsgeschwindigkeit unter verschiedenen Winkeln aufwärts geworfen, so haben alle beim Durchgang

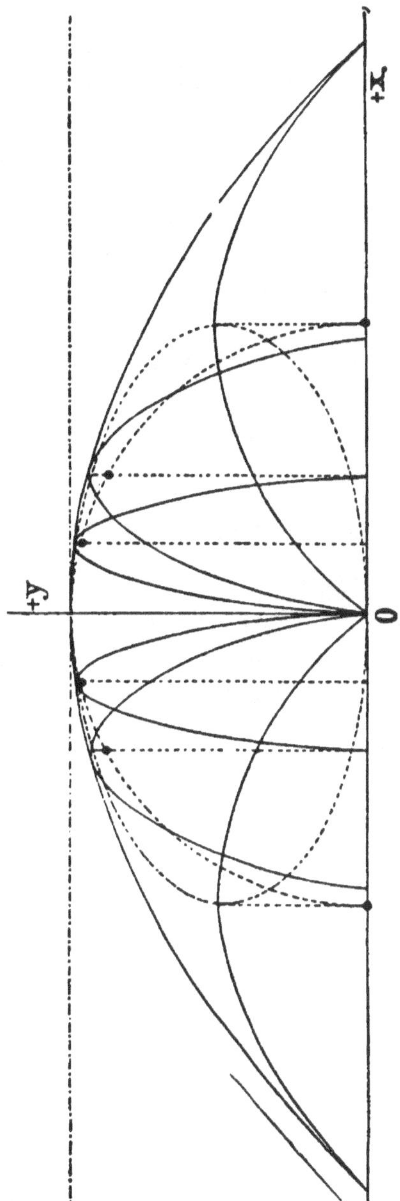

Fig 63

durch dieselbe Horizontalebene (Niveaufläche) stets die gleiche Geschwindigkeit.

Dieselbe wird ein Minimum, nämlich $v_0 \cos \alpha$ gleich der horizontalen Komponente der Anfangsgeschwindigkeit, wenn der Körper den höchsten Punkt der Bahn passiert.

Hat ein Parabelpunkt mit der Ordinate y von der Direktrix die Entfernung η, so ist

$$y + \eta = \frac{v_0^2}{2g}, \quad y = \frac{v_0^2}{2g} - \eta,$$

womit die Gleichung (11) übergeht in

$$v^2 = 2g\eta.$$

Durch diese Beziehung ist aber der Satz gewonnen:

Satz. Bei der parabolischen Bewegung ist die Geschwindigkeit in jedem Punkt der Bahn gleich der Fallgeschwindigkeit, welche der Tiefe des Bahnpunkts unterhalb der Direktrix entspricht.

G. J. Göschen'sche Verlagshandlung in Leipzig.

Aeschylos' Tragödien. Deutsche Nachdichtung von Oswald Marbach. 8°. M. 5.—. Geb. M. 6.—.

Bernays, Michael, Schriften zur Kritik und Litteraturgeschichte. 2 Bände. Gr. 8°. à M. 9.—. In feinem Liebhbd. à M. 10.20.

Beyer, Prof. Dr. C., Deutsche Poetik. Theoretisch-prakt. Handbuch der deutschen Dichtkunst. Nach den Anforderungen der Gegenwart. 3 Bde. 2. Aufl. Gr. 8°. M. 15.—. Geb. M. 19.—.

— Die Technik der Dichtkunst. Anleitung zu Vers- und Strophenbau und zur Uebersetzungskunst. 2. Aufl. Gr. 8°. M. 3.—. Geb. M. 4.50.

Bismarcks Briefe an den General Leopold von Gerlach. Mit Genehmigung S. Durchlaucht des Fürsten. Herausgegeben von Horst Kohl. Gr. 8°. M. 6.—. Geb. M. 9.—.

Bismarck-Jahrbuch. Sammlung bisher unveröffentlichter Urkunden und Briefe zur Geschichte Bismarcks und seiner Zeit. Herausgegeben von Horst Kohl. Gr. 8°. I. Band (1894) M. 10.— Geb. M. 14.—. II. Band (1895) M. 12.—. Geb. M. 16.—. III. Band (1896) M. 10.—. Geb. M. 14.—. IV. Band (1897) M. 8.—. Geb. M. 11.—. Jedes Jahr erscheint 1 Band.

—— Ausführliche Prospekte gratis und franko. ——

Borinski, Karl, Grundzüge des Systems der artikulierten Phonetik. Zur Revision der Principien der Sprachwissenschaft. Gr. 8°. M. 1.50.

Cauer, Privatdozent Friedr., Hat Aristoteles die Schrift vom Staate der Athener geschrieben? Ihr Ursprung und ihr Wert f. d. ältere athen. Gesch. 8°. M. 1.—.

Detter, Ferdinand, Deutsches Wörterbuch. Geschenk-Ausg. 8°. Geb. M 2.—

Ditfurth, Freiherr Fr. W. v., Zweiundfünfzig ungedruckte Balladen des 16., 17. und 18. Jahrhunderts. Aus fliegenden Blättern, handschriftlichen Quellen und mündlicher Ueberlieferung gesammelt und herausgegeben. 8°. M. 2.80.

— Einhundertundzehn Volks- und Gesellschafslieder des 16., 17. und 18. Jahrhunderts mit und ohne Singweisen. Nach fliegenden Blättern, handschriftlichen Quellen und dem Volksmunde gesammelt und herausgegeben. 8°. M. 5.60.

— Einhundert unedierte Lieder des 16. und 17. Jahrhunderts mit ihren zweistimmigen Singweisen. 8°. M. 2.80.

Flaischlen, Cäsar, Graphische Litteraturtafel. Die deutsche Litteratur und der Einfluß fremder Litteraturen auf ihren Verlauf vom Beginn einer schriftlichen Ueberlieferung an bis heute in graphischer Darstellung. 3. Tausend. Farbige Tafel. Gr. Fol. Nebst Text. 4°. Kart. M. 2.—.

Freiligrath, Gesammelte Dichtungen. 6 Bde. 6. Aufl. 8°. M. 12.—. In Leinwd. geb. M. 15.—.

Grillparzers Ansichten über Litteratur, Bühne und Leben. Aus Unterredungen mit Adolf Foglar. 2. verb. und verm. Aufl. Gr. 8°. M. 1.80. Geb. M. 2.80.

Hausaltar. Evangelische Morgen- und Abend-Andachten. Von Dr. G. W. Maisch. Gr. 8°. M. 6.—. Geb. in Leinwd. M. 7.50, in Leinwd. mit Goldschn. M. 8.—, in Halbfranz mit Goldschn. M. 8.50.

Herwegh, Georg, Gedichte. 12. Aufl. 8°. M. 3.60. Geb. M. 4.60.

Houwalds Werke. 5 Bde. Taschenausg. M. 4.20. Eleg. geb. M. 6.50.

G. J. Göschen'sche Verlagshandlung in Leipzig.

Humboldts, Alexander von, Briefe an seinen Jugendfreund W. G. Wegener. 8°. M. 2.50.

Jahresberichte f. neuere deutsche Litteraturgeschichte. Unter ständiger Mitwirkung erster Fachgelehrter und mit besonderer Unterstützung von **Erich Schmidt** herausgegeben von **Julius Elias** und **Max Osborn**. Lex. 8°. Alljährlich ein Band.

I. Bd. [Jahr 1890] M. 10.—, geb. M. 12.—.
II. Bd. [Jahr 1891] M. 12.—, geb. M. 14.—.
III. Bd. [Jahr 1892] M. 23.80, geb. M. 25.80.
IV. Bd. [Jahr 1893] M. 26.80, geb. M. 28.80.
V. Bd. [Jahr 1894] M. 31.—, geb. M. 33.—.

—— **Einbanddecken zu jedem Band M. 2.—.** ——

Iffland's theatralische Werke. Mit Biograph e. 10 Bde. Taschenausg. Eleg. geb. M. 10.—.

Kleinpaul, Rudolf, Die Lebendigen und die Toten. 8°. M. 6.—. Geb. M. 7.20.

Klopstocks Werke. Mit Biographie und erläuternden Anmerkungen. Herausgeg. v. A. L. Back, Kirchenrat. 6 Bde. Kl. 8°. M. 8.—. Eleg. geb. M. 11.—.

Klopstocks Oden. Kritisch-historische Ausgabe. Mit Unterstützung des Klopstock-Vereins und in Verbindung mit **Jaro Pawel** herausgegeben von **Franz Muncker**. Gr. 8°. M. 12.—. Geb in Halblederbd. M. 14.—.

Klopstocks Oden (mit den geistlichen Liedern und Epigrammen). Mit erklärenden Anmerkungen von A. L. Back. 2 Teile in einem Band. M. 3.30.

Klopstocks Oden. Taschenausgabe. M. 1.40.

— **Messias.** Kl. 8°. 2 Teile in einem Bande. M. 2.60.

Klopstock. Geschichte seines Lebens und seiner Schriften von **Franz Muncker.** Mit Klopstocks Bildnis in Lichtdruck. Neue Ausgabe in 1 Band. 1893. Gr. 8°. M. 12.—. Geb. in Halblederbd. M. 14.—.

Koch, Max, Geschichte der deutschen Litteratur. Geschenkausgabe. 8°. Geb. in Leinw. M. 3.—.

Kürschner, Deutscher Litteraturkalender. Erscheint jedes Jahr. 8°. Geb. in Leinwd. M. 6.50.

Kurz, Isolde, Gedichte. 3 Aufl. 8°. Geb. M. 4.—.
— Florentiner Novellen. 8°. M. 4.—. Geb. M. 5.50.
— Phantasieen und Märchen. 8°. Kart. M. 3.—.
— Italienische Erzählungen. 8°. M. 4.—. Geb. M. 5.50.

Lessings Werke.

Göschen'sche Original-Ausgaben.

Lessings sämtliche Schriften. Historisch-kritische Ausgabe von **Lachmann-Muncker.** 3. Aufl. vollständig in 18 Bänden gr. 8° geh. je M. 4.50, einf. Halbleder M. 6.—, fein Halbleder M. 7.—.

Bibliothekausgabe gr. 8°. 12 Halblederbände M. 33.—.
—„— „ 6 Halblederbände M. 26.—.
—„— „ 12 bill. Liebhaberbände M. 24.—

Kabinettausgabe 8°. 6 Halblederbände M. 15.—.
—„— „ 6 Liebhaberbände M. 12.—.
—„— „ 6 feine Leinwandbände M. 10.—.

FSC
www.fsc.org
MIX
Papier | Fördert
gute Waldnutzung
FSC® C083411

Zeitfracht Medien GmbH
Ferdinand-Jühlke-Straße 7
99095 Erfurt, Deutschland
produktsicherheit@kolibri360.de